低渗透致密砂岩油藏
差异富集规律及有利勘探区预测

张凤奇　武富礼　著

中国石化出版社
HTTP://WWW.SINOPEC-PRESS.COM

图书在版编目（CIP）数据

低渗透致密砂岩油藏差异富集规律及有利勘探区预测/
张凤奇，武富礼著. —北京：中国石化出版社，2021. 10
ISBN 978 - 7 - 5114 - 6497 - 2

Ⅰ.①低…　Ⅱ.①张… ②武…　Ⅲ.①致密砂岩 - 油藏 -
油气勘探　Ⅳ.①P618. 130. 8

中国版本图书馆 CIP 数据核字（2021）第 215489 号

中国石化出版社出版发行

地址：北京市东城区安定门外大街 58 号
邮编：100011　电话：(010)57512500
发行部电话：(010)57512575
http://www. sinopec-press. com
E-mail：press@ sinopec. com
北京柏力行彩印有限公司印刷
全国各地新华书店经销

*

710×1000 毫米 16 开本 6.75 印张 159 千字
2022 年 2 月第 1 版　2022 年 2 月第 1 次印刷
定价：56.00 元

前　言

近年来，低渗透致密砂岩油气藏，特别是致密砂岩油气藏已成为全球油气勘探开发的热点。我国的鄂尔多斯盆地、四川盆地、松辽盆地、准噶尔盆地、渤海湾盆地、三塘湖盆地等，以及美国的 Williston 盆地、West Gulf 盆地、Permian 盆地等近 20 个盆地均发现了规模不等的致密油气藏，且我国陆相致密油勘探开发取得了重要进展，该领域表现出巨大的勘探开发前景。

鄂尔多斯盆地延长组主要发育低渗透致密砂岩油藏，其含油层系多，石油的空间分布复杂，导致勘探风险不断升高。目前，针对鄂尔多斯盆地延长组多层系石油的差异性富集规律仍缺乏整体认识和系统研究，有必要开展延长组多层系低渗透致密砂岩油藏差异富集规律及有利勘探区域方面的深入研究，以更好地指导该类油藏的勘探工作。

本书以鄂尔多斯盆地陕北斜坡 WL 地区延长组多层系低渗透致密砂岩油藏为主线，以探讨多层系低渗透致密砂岩油藏分布的差异性主控因素及其控藏界限、分布预测等研究为重点，有针对性地对研究区延长组上组合、中组合、下组合的构造、沉积相、储层、烃源岩及封盖条件等控藏要素及其与油气分布关系等进行了研究，探讨并总结了研究区延长组上组合、中组合、下组合油气差异富集的主控因素及其差异控藏界限。在此基础上，制定了有利区预测的方法，并对含油有利区进行了等级预测，为鄂尔多斯盆地延长组多层系低渗透致密砂岩油藏的勘探评价提供了技术方法。

本书共分为 5 章。第一章为"区域地质概况"，由武富礼撰写；第二章为"WL 地区延长组多层系油藏成藏条件的对比分析"，由张凤奇撰写；第三章为"WL 地区延长组多层系油藏的差异分布特征"，由张凤奇撰写；第四章为"WL 地区延长组多层系油藏差异富集的主控因素及其控藏界限"，由张凤奇撰写；第五章为"WL 地区延长组石油的有利勘探区预测"，其中，第一节由武富礼撰写，第二节由张凤奇撰写。

在本书编写过程中，得到了油田企业领导和专家的大力支持、帮助和指导，在此表示衷心的感谢！

本书能够顺利出版，得到了西安石油大学优秀学术著作出版基金、陕西省自然科学基础研究计划项目"致密砂岩储层多尺度微观孔喉分布表征及其含油有效性"（2017JM4004）、陕西省教育厅重点实验室科研计划项目"强非均质性致密砂岩储层石油形成的流体动力学机制研究——以鄂尔多斯盆地延长组长 7 油层组为例"（17JS110）和西安石油大学青年科研创新团队建设计划项目"页岩油气地质与勘探评价"（115080027）的联合资助，在此向一直关心和帮助本书出版工作的西安石油大学地球科学与工程学院领导和同事表示衷心感谢。

本书所反映的只是研究工作过程中的阶段性成果，不足之处在所难免，敬请各位专家、读者批评指正。书中对所引用的资料数据已尽量做出标明，受作者水平所限，难免有不详之处，请给予谅解。

目　　录

第一章　区域地质概况

第一节　地理位置

　　WL 地区位于陕西省延安市宝塔区，横跨官庄、临镇、麻洞川、南泥湾、松树林、万花、枣园、河庄坪、李渠等 9 个乡镇，南北长约 21km，东西宽约 20km，面积约 350km²（图 1 - 1）。该区属于陕北黄土塬区，地形起伏不平，地面海拔 1063～1440m，相对高差最大为 252m，大陆季风性气候，冬春少雨雪，年降水量为 565mm 左右，主要集中在 6～9 月；年平均气温 10.4℃，最低气温 -22.3℃，最高气温 35℃，无霜期 170 天。区内交通较为便利，建有可供油田开发的工业电网。

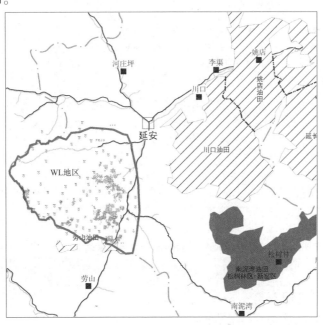

图 1 - 1　WL 地区地理位置图

第二节 区域地质条件

一、区域构造

鄂尔多斯盆地位于华北地块西部，分为西缘逆冲带、天环坳陷、陕北斜坡、晋西挠褶带、伊盟隆起及渭北隆起共六大构造单元，是发育在华北克拉通上的一个多旋回叠合型盆地（杨俊杰，2002）。鄂尔多斯盆地是我国形成历史最早、演化时间最长的沉积盆地，也是我国陆上第二大沉积盆地和重要的能源基地。

WL地区位于鄂尔多斯盆地陕北斜坡带的东南部（图1-2），陕北斜坡主要形成于早白垩世，呈向西倾斜的平缓单斜，倾角小于1°。斜坡带上发育一系列东西向低幅度鼻状隆起构造，这些鼻状隆起与砂体有机配置，往往有利于油气的富集。

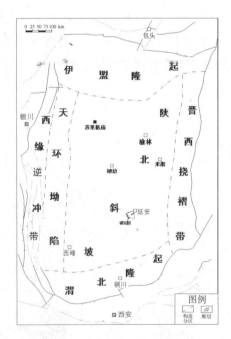

图1-2 WL地区构造位置图

二、油气成藏条件

晚三叠世延长期，由于印支运动使得晚古生代－中三叠世的华北克拉通坳陷盆地逐渐向鄂尔多斯盆地转化。印支运动使鄂尔多斯盆地在沉积体系上实现了从海相、过渡相向陆相的转变，使盆地自晚三叠世以来发育完整和典型的陆相碎屑岩河流－三角洲－湖泊沉积体系（武富礼等，2004；李文厚等，2009；郭艳琴等，2019）。

晚三叠世早期是盆地湖泊发育、发展时期（长10～长8沉积期），晚三叠世中期（长7沉积期），是湖泊发展的鼎盛时期，水体深、水域广，沉积的深湖－半深湖相泥页岩，厚度大、分布广、富含有机质，是鄂尔多斯盆地中生界的主要生油岩，为盆地中生界油气藏的形成提供了丰富的油源基础（武富礼等，2004；李文厚等，2009；郭艳琴等，2019）。

晚三叠世中晚期（长6～长2沉积期），随着湖盆的逐渐萎缩，湖泊外围的河流－三角洲平原分流河道、三角洲前缘水下分流河道及河口沙坝沉积的厚层块状砂岩为上三叠统延长组油气藏的形成提供了必要的储集空间。这些砂体由于差异压实作用形成的低幅度鼻状隆起或由于岩性、物性变化形成的岩性或构造－岩性圈闭，提供了油气聚集的场所，是油气富集的有利区带。长1期整个鄂尔多斯盆地全面发育平原、沼泽，为其内部储层或下覆长2期石油的富集提供了良好的盖层（武富礼等，2004；李文厚等，2009；郭艳琴等，2019）。

三叠纪末期，鄂尔多斯盆地受印支运动的影响而整体抬升。地表遭受长时期风化剥蚀，形成起伏不平、沟谷纵横的古地貌景观。盆地中南部主要分布有宁陕古河谷、甘陕古河谷和蒙陕古河谷3条大的古河谷。在这3条主河谷的两侧还发育着众多的次级河流，在它们的分割下形成了一系列高地或残丘（何自新，2003）。WL地区前侏罗系沉积位于甘陕古河东南侧。受其影响，三叠系延长组被剥蚀程度差异较大，在主河道部位，延长组第五段（长1段）部分被剥蚀，一定程度上使延长组上部（长1～长2段）失去了成藏的盖层条件。但印支期的古地貌侵蚀面沟通了深部油源，古河道可成为良好的运移通道，如遇到有利的储集体与背斜、鼻隆等构造，即可有机配置、富集成藏（郭正权等，2008）。

第二章　WL 地区延长组多层系油藏成藏条件的对比分析

第一节　地层与构造特征

WL 地区钻经地层自上而下依次为：第四系、侏罗系延安组和富县组（部分区域），以及三叠系延长组（延长组未钻穿），缺失白垩系。

该区第四系多为含砂黄土层；侏罗系广泛发育，但保存不完整，第四系直接不整合覆盖在侏罗系之上。延安组沉积后，盆地遭受了不同程度的剥蚀，致使该区延安组上部地层缺失，仅剩延安组下部地层。富县组主要发育灰白色细砂岩夹有紫色、灰绿色泥岩。WL 地区上三叠统延长组为主要勘探目的层系，钻遇的延长组地层以内陆淡水湖泊三角洲沉积为主，为一套灰绿、灰黑色泥页岩、泥质粉砂岩与灰绿、灰白色中细长石砂岩互层，地层序列发育完整，演化特征明显。延长组自上而下划分为长 1 油层组、长 2 油层组、长 3 油层组、长 4 +5 油层组、长 6 油层组、长 7 油层组、长 8 油层组、长 9 油层组。由于受到侏罗纪甘陕古河道下切侵蚀，长 1 油层组残留厚度变化较大（20～100m），长 2 油层组及其以下层段保存完整。油井一般在长 6 油层组底部完钻，部分井钻达长 9 油层组。

一、地层划分对比

1. 地层划分对比原则

地层划分对比的具体原则是：选取区内不同位置，钻井深度大、标志层明显的井作为标准井。以标准井为基础，建立覆盖全区的闭合骨干剖面，以此作为全区地层划分对比的基准。结合标志层和沉积旋回，以及岩性、岩相、测井曲线组合特征、地层等厚等因素进行对比划分。同时，与区域上的其他地区地层也进行了对比。另外，地层对比初步结果出来后，用构造图、地层厚度图做进一步检验，避免出现串层现象。

地层对比时,以李家畔页岩、张家滩页岩、细脖子段、块状砂岩段、碳质泥岩或凝灰质泥岩等鄂尔多斯盆地中生界地层划分的区域性标志层为依据,以上三叠统延长组长 2～长 8 油层组为研究的重点层位。根据延长油田统层方案,对该区进行了地层划分,把长 2 油层组、长 3 油层组、长 4+5 油层组、长 6 油层组、长 7 油层组、长 8 油层组、长 9 油层组进一步划分成若干油层亚组(以下简称亚组),具体为:长 2 油层组划分为长 2^1、长 2^2、长 2^3 共 3 个亚组,长 3 油层组划分为长 3^1、长 3^2、长 3^3 共 3 个亚组,长 4+5 油层组划分为长 $4+5^1$、长 $4+5^2$ 两个亚组,长 6 油层组划分为长 6^1、长 6^2、长 6^3、长 6^4 共 4 个亚组,长 7 油层组划分为长 7^1、长 7^2、长 7^3 共 3 个亚组,长 8 油层组划分为长 8^1、长 8^2 两个亚组,长 9 油层组划分为长 9^1、长 9^2 两个亚组,由于打到长 9^1 的井较多未打穿,因此,又将长 9^1 亚组进一步划分为长 9^{1-1} 和长 9^{1-2} 小层(表 2-1)。

表 2-1 WL 地区地层划分简表

系	统	组	段	油层组	油层亚组(段)	厚度/m	岩性特征	标志层名称	标志层位置
三叠系	上统	延长组	第五段 T_3y_5	长 1		20～120	暗色泥岩夹粉细砂岩,区内无煤层	B4	底
			第四段 T_3y_4	长 2	长 2^1	120～125	灰绿色块状中、细砂岩夹灰色泥岩,浅灰色中、细砂岩夹灰色泥岩,灰色、浅灰色中细砂岩夹暗色泥岩	B3	底
					长 2^2				
					长 2^3				
				长 3	长 3^1	120～130	以灰白色细粒长石砂岩和灰色泥质粉砂岩互层为主,夹少量灰色粉砂岩及泥质粉砂岩		
					长 3^2				
					长 3^3				
			第三段 T_3y_3	长 4+5	长 $4+5^1$	70～80	暗色泥岩、炭质泥岩夹薄层粉细砂岩,浅灰色粉、细砂岩与暗色泥岩互层	B2	中
					长 $4+5^2$				
				长 6	长 6^1	120～130	绿色、灰绿色细砂岩夹暗色泥岩,浅灰绿色粉、细砂岩夹暗色泥岩和斑脱薄层,泥质粉砂岩、细砂岩互层夹薄层凝灰岩	S4	底
					长 6^2			S3	
					长 6^3			S2	
					长 6^4			S1	
				长 7	长 7^1	80～95	中上部由一套粉、细砂岩夹泥岩、泥质粉砂岩组成,顶部发育凝灰质泥岩薄层,且分布稳定;为前三角洲-三角洲前缘沉积;中下部为黑灰色油页岩、碳质页岩(即张家滩黑页岩)	B1	中下
					长 7^2				
					长 7^3				

系	统	组	段	油层组	油层亚组（段）	厚度/m	岩性特征	标志层 名称	标志层 位置
三叠系	上统	延长组	第二段 T_3y_2	长8	长8^1	110~120	暗色泥岩、砂质泥岩夹粉－细砂岩		
					长8^2				
				长9	长9^1	100~120	暗色泥岩、页岩夹灰色粉－细砂岩	B0	顶
					长9^2				
			第一段 T_3y_1	长10					

2. 主要标志层

1）长9油层组李家畔页岩（B0）

李家畔页岩位于长9油层组顶部，通常自然伽马曲线和感应电阻率曲线为雁尾状，岩性一般为黑色、灰黑色泥岩、油页岩，有时含凝灰质薄层。测井曲线上表现为高自然伽马、高声波时差、高电位和低感应电阻率或低电阻的"三高一低"特征。其低感应电阻率或低电阻是与张家滩页岩最明显的区别，在工作区分布稳定，是三叠系延长组地层对比的一个重要标志层，代表了长9油层组最大湖泛期的沉积产物（图2－1）。

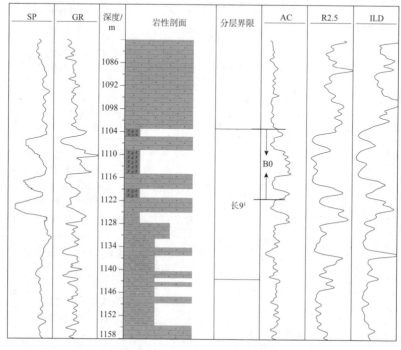

图2－1　WL地区长9油层组B0标志层电性特征（N137井）

2)张家滩页岩(B1 标志层)

鄂尔多斯盆地三叠系地层对比的传统标志层为延长组第二段(T_3y_2)上部(长7^3)的黑色油页岩,即张家滩页岩。地表剖面将其定为 KT 标志层,该标志层段在 WL 地区分布稳定,厚度为6.9~19m。电性特征具有高自然伽马、高声波、高电阻、自然电位偏正的特点。该区仅少数探井钻穿长7油层组,厚约80~95m(图2-2)。

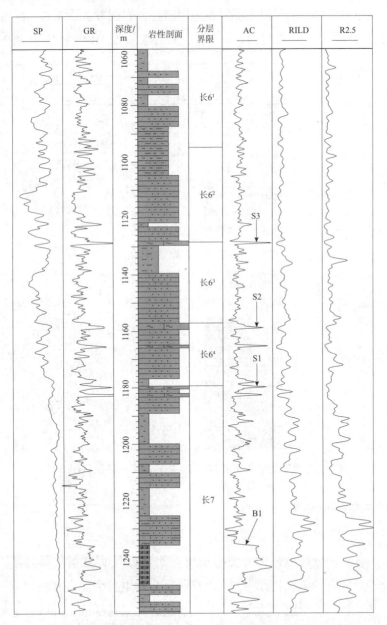

图2-2　WL 地区长7油层组油页岩和长6油层组斑脱岩电性特征(N128 井)

3)薄层凝灰质泥岩(斑脱岩)(S1 – S4)

延长组第三段下部发育多层凝灰质泥岩(斑脱岩)薄层,在区内分布稳定,电性特征为高自然伽马、高时差、低电阻,声速呈单峰或双峰状,是区内进行油层组划分与对比的重要标志(图2 –2)。

4)碳质泥岩或凝灰质泥岩(B4)

延长组第五段长1油层组底部发育多层暗色泥岩或凝灰质泥岩,区内无煤层,该标志层电性特征为高声波时差、大井径、高自然伽马、中低电阻率(图2 –3)。

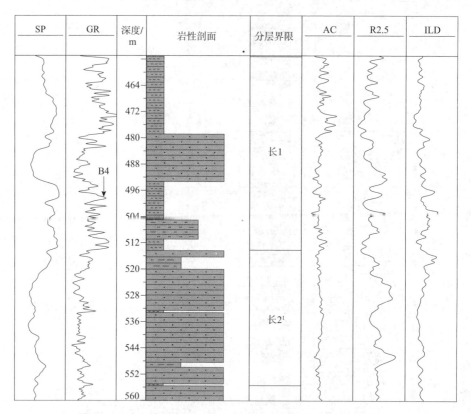

图2 –3 WL地区长1油层组B4标志层电性特征(N195井)

3. 延长组地层划分

1)长9^2亚组与长9^1亚组界限划分

延长油区大部分区域长9^2亚组与长9^1亚组是以长9^2亚组顶部为泥岩或粉砂质泥岩分界。对应的电性特征为高自然伽马,自然电位为泥岩基线附近,声波时差较大,井径扩径,电阻率为中上 – 低阻。组界在其顶部或上部砂岩的底部。由于区内一些井长9^1段未打穿,因此,将长9^1亚组从中间劈分为长9^{1-1}小层和长

9^{1-2} 小层，以砂岩为界，将泥岩顶作为 9^{1-1} 小层和长 9^{1-2} 小层的界限。

2）长 9^1 亚组与长 8^2 亚组界限划分

长 9^1 亚组与长 8^2 亚组界限以 B0 进行划分，组界在 B0 标志层的顶部或上部砂岩的底部。该标志层是在全区比较稳定的一套油页岩、黑色页岩，电性上表现为高电位、高自然伽马、高声波时差、高电阻。

3）长 8^2 亚组与长 8^1 亚组界限划分

延长油区长 8^2 亚组与长 8^1 亚组多数地区以长 8^2 亚组顶部的泥岩或粉砂质泥岩为分界。对应的电性特征为高自然伽马，自然电位为泥岩基线附近，电阻率为中–高阻。层界放在其顶部或上部砂岩的底部。

4）长 8^1 亚组与长 7^3 亚组界限划分

长 8 油层组、与长 7 油层组、的分界为主标志层长 7 油层组、张家滩页岩（B1）。长 7 油层组、下部的张家滩页岩分布广泛，厚度变化稳定。该区长 7 油层组、下部的张家滩页岩通常有两层，下层略薄，厚 2～4m，上层页岩较厚，多在 4.9～28m 左右，中间夹细–粉砂岩，两层油页岩相距 20m 左右。它们在区域上分布稳定，电性特征突出，均以高自然伽马、高声波时差、中低电阻为特征。长 7 油层组、与长 8 油层组、以下层页岩/泥岩的底为界。

5）长 7^3 亚组与长 7^2 亚组界限划分

长 7^3 亚组岩性为黑色泥岩、页岩、粉砂质泥岩、碳质泥岩、凝灰质泥岩，主要为油页岩（B1），其在测井曲线上表现为高声波时差、高伽马、中高电阻，其中尤以高的箱状（或钟状）声波时差曲线形态为特征，井径出现扩径现象，在各井中的出现率为 95% 以上。将 B1 的顶作为长 7^2 亚组与长 7^3 亚组分界线。

6）长 7^2 亚组与长 7^1 亚组界限划分

长 7^2 亚组与长 7^1 亚组多以长 7^2 亚组顶部的斑脱岩、高阻泥岩或粉砂质泥岩为分界。

7）长 7^1 亚组与长 6^4 亚组界限划分

长 6 油层组的底部一般分布有 1～2 层相距很近的斑脱岩，该标志层是区内比较稳定的一套斑脱岩，一般位于张家滩黑页岩（B1）之上约 55～60m；具有高自然伽马、高声速和中低电阻的特征，自然电位接近泥岩基线。

8）长 6 油层组内部亚组划分

（1）长 6^4 亚组。

由 1～2 个反韵律沉积构成，上部以浅灰、灰绿色细粒长石砂岩为主，砂岩泥质含量较高；下部为浅灰、深灰色粉砂质泥岩、泥质粉砂岩；顶部为凝灰质泥岩薄层。为三角洲前缘相沉积的产物，即相当于前积沉积层序。沉积厚度为 13.2 ~ 25.4m。

（2）长 6^3 亚组。

主要由两个沉积韵律组成，沉积韵律发育差异较大，下部韵律沉积厚度大于上部。一般而言，旋回下部为灰绿色细粒长石砂岩，夹深灰色、灰黑色泥岩薄层；上部为灰、深灰色粉砂质泥岩与灰绿色细砂岩互层；顶部发育凝灰质泥岩薄层。砂岩自然电位负异常特征典型，为漏斗状负异常，沉积厚度为 26.8 ~ 36.2m。

（3）长 6^2 亚组。

主要由 1 ~ 2 个韵律旋回组成。一般下部韵律砂岩厚度较上部韵律砂岩厚度大，泥岩厚度横向不稳定，砂体呈指状分布，属于三角洲前缘水下分流河道沉积，分布方向与长 6^3 基本一致，砂岩厚度大于长 6^3。该层在本区砂岩自然电位负异常特征明显，为箱状或漏斗状、钟状负异常，沉积厚度为 26.6 ~ 41.3m。

（4）长 6^1 亚组。

由 2 ~ 3 个韵律旋回组成。上部为泥岩，中部和下部为 2 ~ 3 个块状细砂岩夹泥岩及泥质粉砂岩。该区以三角洲前缘亚相水下分流河道沉积为主。砂体呈北东 – 南西向展布，砂岩自然电位负异常特征典型，为箱状负异常，沉积厚度为 27.4 ~ 43.0m。含油砂岩受分流河道砂体控制，为区内重要含油层段。

9）长 4 +5 油层组内部亚组划分

（1）长 4 +5^2 亚组。

为三角洲前缘水下分流河道、分流间湾沉积，砂岩自然电位负异常特征典型，为箱状负异常。其下部为块状细砂岩，中部为砂、泥岩互层，局部夹炭质泥岩薄层。含油砂岩受分流河道砂体控制，砂体呈北东 – 南西向展布，沉积厚度为 31.6 ~ 45.3m。

（2）长 4 +5^1 亚组。

岩性为砂泥岩互层，砂岩厚度差异较大。电性特征为泥岩段具高阻特征，砂岩自然电位负异常幅度低（或平直），即所谓的"细脖子段"，为区域辅助标志层，沉积厚度为 31.9 ~ 46.1m。

10）长 3 油层组内部亚组划分

以长 2 油层组块状砂岩段和长 4 +5 油层组"细脖子段"为标志层，依据长 3 油层组正旋回特征，进行地层划分与对比。进而依据 3 个次级旋回把长 3 油层组分为长 3¹、长 3²、长 3³共 3 个亚组(表 2-2),厚度为 120~130m。

表 2-2 长 2 油层组和长 3 油层组内部亚组划分

油层组	亚组	厚度/m	总厚度/m
长 2	长 2¹	41~43	120~125
	长 2²	44~47	
	长 2³	33~35	
长 3	长 3¹	26~34	120~130
	长 3²	55~60	
	长 3³	35~41	

11)长 2 油层组内部亚组划分

根据组内块状砂岩集中发育、自然电位曲线呈箱状、电性组合特征进行地层划分与对比。根据 3 个次级旋回进一步把长 2 油层组细分为长 2¹、长 2²和长 2³共 3 个亚组(表 2-2)。把长 1 油层组与长 2 油层组的界限放在长 2 油层组上部黑色泥岩的底部,即 B4 标志层的底部。以长 2³亚组块状砂岩之底与长 3¹亚组顶部泥岩之顶做长 2 油层组底界。区内长 2 油层组厚度为 120~125m。

12)长 2¹亚组与长 1 油层组界限划分

长庆油田在安塞地区与长 1 油层组底部发现有一套碳质泥岩、煤线夹凝灰岩,电性特征明显,呈高声速、高自然伽马、低电阻、尖刀状井径,在各井中的出现率为 100%,将其命名为 B4。根据 B4 标志层对长 2 油层组与长 1 油层组地层进行划分,认为 B4 标志层位于距长 1 油层组底部 0~5m 处。以其为标准进行划分,划分中不拘泥于大砂体。科研人员出于区域上的考虑,后期将 B4 的定义进一步扩大,将长 1 油层组底部一段高阻泥岩统称为 B4,只是该套泥岩底部常因凝灰质含量较高引起扩径而使电阻值变得很低。由于延长油田沉积旋回和长 2 油层组储盖的完整组合,把长 1 油层组与长 2 油层组的界限放在长 2 油层组上部大砂体之上的泥质岩顶部,即 B4 标志层的底部。本书采用延长油田的划分方案,放在 B4 底部。

4. 延长组地层分布特征

根据上述地层划分原则,对 WL 地区 278 口井的地层进行了划分与对比,在此基础上,绘制了区内 4 条地层对比图,可以看出,区内延长组长 9~长 1 油层组地层厚度变化不大,坡度较平缓,局部发育有继承性鼻状隆起(图 2-4~图 2-7)。

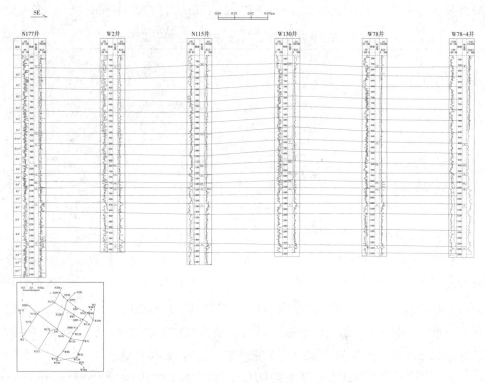

图2-4 区内延长组 N177 井 - W78 -4 井地层对比图

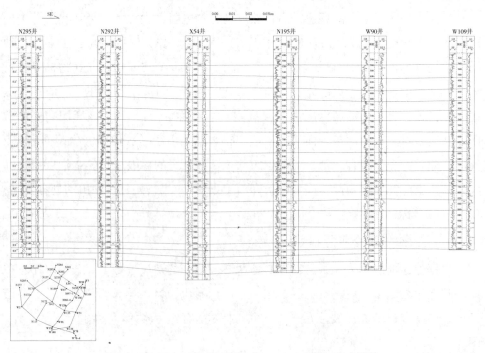

图2-5 区内延长组 N295 井 - W109 井地层对比图

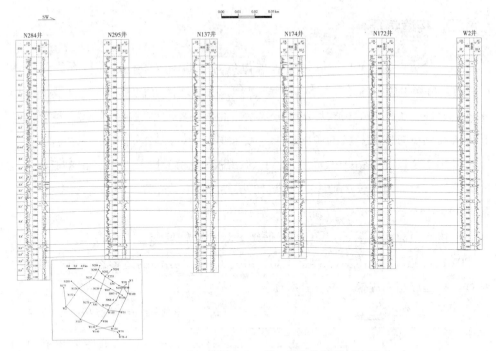

图2-6 区内延长组 N284 井 - W2 井地层对比图

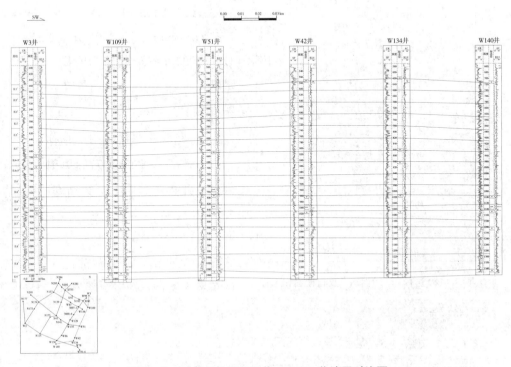

图2-7 区内延长组 W3 井 - W140 井地层对比图

二、构造特征

通过分析可知，WL 地区构造表现为东高西低的单斜构造，坡降为每千米 6~8m，与鄂尔多斯盆地区域构造趋势吻合。由于砂体沉积的不均一性及成岩压实的差异性，不同目的层段形成构造要素、面积各异的小型鼻状隆起。鼻隆的起伏形态和倾没方向与斜坡的倾向近于一致，构造变化较为简单。

利用 278 口井的钻井、测井分层资料，编制完成了长 8^2 亚组、长 8^1 亚组、长 6^1 亚组、$4+5^2$ 亚组和长 2^1 亚组共 5 个目的层段的顶面构造图，其分布如图 2-8~图 2-12 所示。

从这些顶面构造图看，WL 地区低缓鼻状构造较发育，走向近东西向，轴长 5~20km，两翼倾角 1°左右，隆起幅度 10~40m。各层的构造形态具有一定的继承性，只是形态、规模、位置有所迁移。

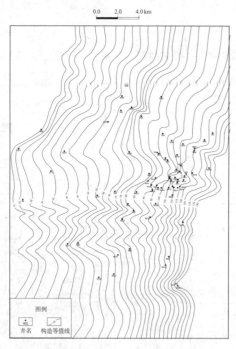

图 2-8　区内延长组长 8^2 亚组顶面构造图

1. 长 8^2 亚组顶面构造特征

总体为一平缓的西倾单斜，局部发育几排鼻状隆起。分布在 W2-W53 井-W135 井-W51 井一线、N177 井-N174 井-W95 井-W62-12 一线的鼻状隆起较为明显，构造轴部近北西-南东走向展布，构造幅度为 10~15m 左右(图 2-8)。

2. 长 8^1 亚组顶面构造特征

总体为一平缓的西倾单斜，局部发育几排鼻状隆起。分布在 N177 井-N174 井-W139 井一线、W42 井-W140 井-W138 井一线的鼻状隆起较为明显，构造轴部近北西-南东走向展布，构造幅度为 10~15m 左右(图 2-9)。

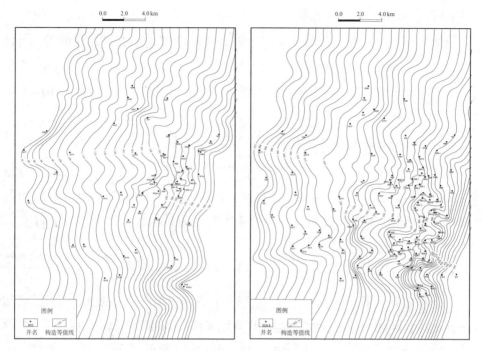

图2-9　区内延长组长8¹亚组顶面构造图　　图2-10　区内延长组长6¹亚组顶面构造图

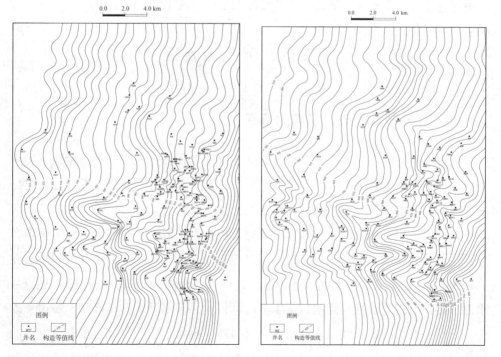

图2-11　区内延长组长4+5²亚组顶面构造图　　图2-12　区内延长组长2¹亚组顶面构造图

3. 长 6^1 亚组顶面构造特征

总体为一平缓的西倾单斜,局部发育几排鼻状隆起。分布在 X30 井 - X42 井 - W123 井 - W135 井 - W29 井一线、N292 井 - N295 井 - XT55 井 - X54 井一线的鼻状隆起较为明显,构造轴部近北西 - 南东走向展布,构造幅度在 10 ~ 15m 左右(图 2 - 10)。

4. 长 $4 + 5^2$ 亚组顶面构造特征

总体为一平缓的西倾单斜,局部发育几排鼻状隆起。分布在 XT30 井 - W123 井 - 3042 井 - 3002 - 10 井 - W29 井一线、W130 井 - W58 井 - W29 井一线的鼻状隆起较为明显,构造轴部近北西 - 南东走向展布,构造幅度在 10 ~ 15m 左右(图 2 - 11)。

5. 长 2^1 亚组顶面构造特征

一定程度上继承了长 2^2 亚组的构造形态,总体仍为一平缓的西倾单斜,局部发育几排鼻状隆起。分布在 XT27 - 6 井 - XT7 井 - N128 井 - X62 井一线、N117 井 - N116 井下部一线、X41 井 - N141 井 - N51 井一线的鼻状隆起较为明显,构造轴部近北西—南东走向展布,构造幅度在 10 ~ 15m 左右(图 2 - 12)。

第二节 沉积相特征

一、鄂尔多斯盆地沉积演化特征

区域地质研究表明,鄂尔多斯盆地从晚三叠世开始进入内陆坳陷盆地发展阶段,发育了大型内陆湖泊,沉积了厚逾千米的上三叠统生、储油岩系,延长组是湖盆形成、发展和萎缩全过程的沉积记录。

延长组沉积时期,鄂尔多斯盆地具有面积大、水域广、深度浅、地形平坦和分割性较弱的特点(曾少华,1992)。盆地轴向呈北西 - 南东向,湖盆沉积中心在北纬 38°线以南。相带分布略呈环带状,其中,西南缘湖岸线在石沟驿 - 平凉 - 永寿一带,沿湖岸线发育近源近岸水下扇沉积。北部湖岸线在乌审旗 - 靖边 - 横山 - 子洲一带,沿湖岸线发育一系列自北向南、自北东向西南或自东向西推进的湖泊三角洲沉积。湖盆形态不对称,西陡东缓。

鄂尔多斯盆地长 8 ~ 长 10 油层组沉积时(图 2 - 13、图 2 - 14),湖盆一直处于下沉状态，至长7油层组时达到最大深度，湖泊发展达到鼎盛阶段，深湖相沉积广布，从而形成鄂尔多斯盆地中生代最重要的生油岩沉积(图2-15)。

鄂尔多斯盆地长6期湖盆开始收缩，沉积补偿大于沉降，为湖泊三角洲建设的高峰期(图2-16)。鄂尔多斯盆地长4+5油层组沉积时期，长6期形成的许多大型三角洲发生平原沼泽化，三角洲平原、交织河以及浅湖沉积比较发育(图2-17)。

鄂尔多斯盆地长2+3油层组沉积期，湖盆进一步收缩，三角洲进一步平原沼泽化，发育了以辫状河、曲流河为特征的河流相沉积体系(图2-18、图2-19)。

鄂尔多斯盆地长1期盆地基底的不断上升，促使整个盆地进一步分化瓦解，在局部地方出现差异沉降，形成了内陆闭塞的浅水湖泊。其中，盆地东部子长-大理河一带是长1期的主要沉降中心，在横山庙沟-子长寺湾等地区发育有深湖相沉积，盆地西部姬源-白豹一带发育浅湖；盆地南部的湖泊主要发育在正宁-铜川一带，由于后期的剥蚀，仅残存少量的湖泊。在陕北斜坡南部仅仅发育河流和三角洲沉积。由于地形非常平缓，主要发育交织河和少量的曲流河(李文厚等，2009；郭艳琴等，2019)(图2-20)。

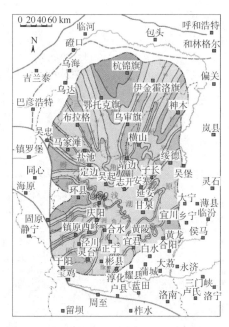

图2-13　鄂尔多斯盆地延长组长9油层组沉积相(据郭艳琴等，2019)

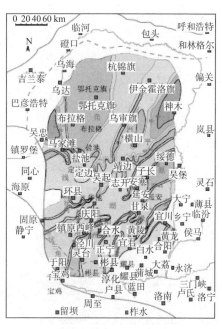

图2-14　鄂尔多斯盆地延长组长8油层组沉积相(据郭艳琴等，2019)

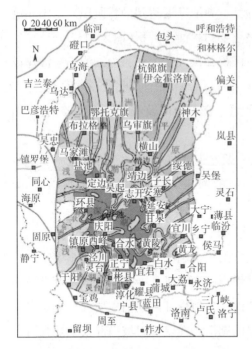

图 2-15　鄂尔多斯盆地延长组长 7 油层
组沉积相(据郭艳琴等，2019)

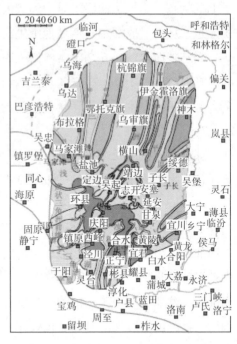

图 2-16　鄂尔多斯盆地延长组长 6 油层
组沉积相(据郭艳琴等，2019)

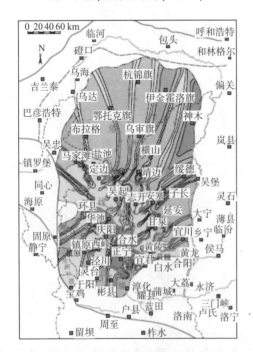

图 2-17　鄂尔多斯盆地延长组长 4+5 油层
组沉积相(据郭艳琴等，2019)

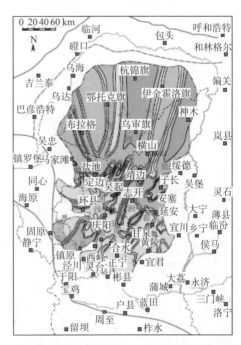

图 2-18　鄂尔多斯盆地延长组长 3 油层
组沉积相(据郭艳琴等，2019)

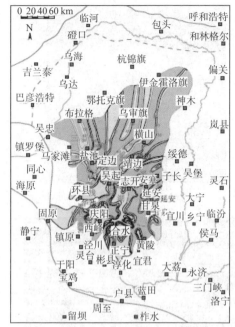

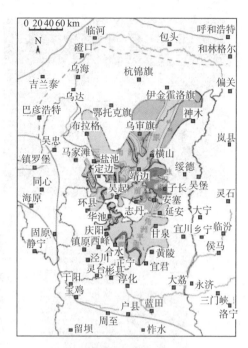

图 2-19　鄂尔多斯盆地延长组长 2 油层　　图 2-20　鄂尔多斯盆地延长组长 1 油层组沉积相
　　　组沉积相(据郭艳琴等,2019)　　　　　　　　(据郭艳琴等,2019)

　　根据前人对鄂尔多斯盆地延长组长 2~长 9 油层组的沉积相平面展布研究结果可知,WL 地区长 2~长 9 油层组沉积的物源方向均为北东-南西向(武富礼等,2004;李文厚等,2006;邓秀芹等,2013;郭艳琴等,2019)。

二、沉积相划分标志

1. 岩性及岩石颜色标志

　　岩石颜色,特别是泥岩的原生色,可以作为判断该岩层形成时的气候状况、水介质氧化-还原条件和烃源岩品质等的直接标志。

　　根据钻井岩心的详细观察,目的层岩石类型由陆源碎屑岩组成,包括灰褐色、灰色、浅灰色、灰白色细砂岩、粉砂岩、煤、深灰色泥岩等(图 2-21)。

　　长 7 油层组和长 9 油层组油层组砂岩以灰色和深灰色为主,泥岩均为深灰色、灰黑色或黑色,整体表现为还原条件下的暗色特征,表明碎屑物沉积时处于水下环境。

　　区内长 6 油层组和长 4+5 油层组砂岩以灰色为主,泥岩均为灰黑色或深灰色,整体表现为水下还原条件的暗色特征。

(a) N115井，551.4m，长9油层组，灰绿色细砂岩　(b) N172井，1133.12m，长8油层组，灰绿色细砂岩

(c) N179井，490.82m，长6油层组，灰绿色细砂岩　(d) X39井，长2油层组，灰白色细砂岩

图2-21　区内典型井主要层位岩石颜色

长2油层组和长3油层组砂岩及细砂岩以浅灰色、灰白色为主，泥岩多为灰黑色或深灰色。

2. 岩石结构、构造标志

沉积构造是沉积岩的重要特征之一，指沉积物沉积时或沉积后，由于物理作用、化学作用及生物作用，在沉积物内部或表面形成的各种构造，包括原生沉积构造和次生沉积构造。其中，原生沉积构造可提供有关沉积时的沉积介质性质和能量条件等方面的信息。因此，原生沉积构造及其组合或序列已成为判别沉积环境和进行沉积相、亚相和微相划分最重要的标志。

通过岩心的观察发现，目的层中发育的层理构造主要有平行层理、砂纹交错层理、包卷层理等(图2-22)。

3. 古生物标志

特定的环境下生活着特定的生物，因而生物对环境有明确的指示意义。区内可作为沉积微相识别标志的古生物化石有植物碎屑、炭屑及叶肢介、介形类、瓣鳃类和鱼类等化石(图2-23)，对于识别大的沉积环境具有重要意义。

(a) N172井，1126.4m，长8油层组，包卷层理

(b) N115井，1255.14m，长7油层组，砂纹交错层理

(c) X40井，1087.87m，长8油层组，水平层理

(d) X39井，763.92m，长2油层组，砂纹交错层理

图2-22　区内典型井主要层位层理构造特征

(a) N115井，1442.51m，长9油层组，植物碎屑

(b) X39井，751.02m，长2油层组，植物碎屑、炭屑

图2-23　区内典型井主要层位层理构造特征

三、延长组沉积相类型

在前人区域地质研究的基础上，根据本区地层岩性特征、岩石学特征，通过沉积旋回、岩电组合、沉积结构、构造、测井等综合分析，识别出区内目的层（延长组长2~长9油层组）主要发育三角洲平原、三角洲前缘、半深湖－深湖(表2-3)。

表2-3 区内延长组沉积相分类表

相	亚相	微相	分布层段
三角洲	三角洲平原	分流河道、河漫沼泽、决口扇、天然堤	长3油层组和长2油层组
	三角洲前缘	水下分流河道、分流间湾、河口坝	长8油层组、长6油层组和长4+5油层组
湖泊	半深湖－深湖	浊积水道、浊积水道间	长7油层组、长 9^{1-1} 小层

1. 半深湖－深湖亚相沉积

WL地区半深湖－深湖亚相沉积主要发育在长9油层组顶部及长7油层组中下部，代表大范围的湖进事件。岩性主要为黑色油页岩、碳质页岩、深灰含色粉泥岩，局部夹薄层粉砂岩，见双壳类生物化石及黄铁矿晶体。电性特征为高自然伽马、高时差、高电阻，是地层对比的良好标志层，也是三叠系主要的烃源岩。

2. 三角洲前缘亚相沉积

三角洲前缘沉积分布于长8油层组、长6油层组和长4+5油层组，下部由粉细砂岩与粉砂质泥岩组成，上部为厚层块状细砂岩，自然伽马和自然电位曲线形态多为倒三角形，由水下分流河道、分流间湾及河口坝等沉积微相构成。

1）水下分流河道沉积

水下分流河道是三角洲平原分流河道在湖盆水下的延伸，是三角洲前缘亚相中最为发育的骨架砂岩相，也是三角洲前缘沉积中粒度最粗的部分。由于水下分流河道的位置不稳定，不断地分流汇合和频繁的侧向迁移，因而同一时期发育的水下分流河道在平面上常呈宽带状和网状分布，具有成层性好和可对比性强的特点。其沉积特征表现为：

（1）岩性主要由细砂岩、粉－细砂岩组成，砂体常呈粒度向上变细的正韵律旋回，由细砂岩向上过渡为粉－细砂岩、粉砂岩和含泥质粉砂岩。单砂层厚度为2~3m，个别可达3~5m。纵向上常由多个砂层叠加形成叠合砂体，叠合厚度可达20m以上。

（2）砂体与下伏地层多呈侵蚀接触，底部常具冲刷面，冲刷面上见 5～10cm 的泥砾层，泥砾大小一般为 0.5～1.0cm，个别可达 3cm 以上，属于河道底部的滞留沉积。

（3）砂体中下部发育平行层理、板状交错层理、槽状交错层理，砂体上部见浪成波纹层理，显示水下分流河道沉积虽然以较强的单向底流作用为主，但同时叠加有湖浪改造的水下沉积环境特征。

（4）砂体在平面上呈条带状、网状分布，向湖盆方向逐渐延伸，剖面上大致呈顶平底凸的透镜状。在剖面结构上，水下分流河道砂体底部常与河口坝沉积呈截切超覆关系，或与分流间湾沉积呈冲刷接触关系，顶部与水下天然堤沉积呈渐变关系，构成连续向上变细的正韵律。砂体或呈被泥岩、泥质粉砂岩分割的孤立状产出，或因几个期次的分流河道依次截切超覆，造成下伏砂体上部的堤泛沉积被侵蚀、冲刷而构成多个河道砂体依次连续叠置，形成叠置水下分流河道。

（5）所含生物化石稀少，主要为顺层面分布的碳化植物碎片，常见已转化为煤的、大小为厘米级的树干化石。

（6）在测井曲线上，水下分流河道沉积表现为：自然伽马表现为低值，一般小于 100API，曲线呈中 - 高幅箱形、齿化箱形、钟形，与底部呈突变接触；井径缩径好；声波时差常小于 $250\mu s/m$。

2）分流间湾沉积

水下分流间湾位于三角洲前缘水下分流河道之间，向上游方向收敛，向下游方向开口并与滨、浅湖连通。一般以接受洪水期溢出水下分流河道和相对远源的悬浮泥砂均匀沉积为主，为三角洲前缘最细粒的部分，常形成一系列小面积的尖端指向上游的泥质楔状体。其沉积特征如下：

（1）岩性为灰 - 灰黑色泥岩、泥质粉砂岩的薄互层，沉积构造以水平层理、砂泥韵律层理为主，可见沙纹层理和浪成沙纹层理，表明该微相形成于较宁静的低能环境，但受间歇性底流和湖浪的改造，厚度变化较大，为 1～8m。

（2）含生物化石较丰富，多为破碎的炭化植物茎干及叶片，且为旱地、近水湿地和水生属种的混合组合。植物碎片常沿层面富集分布，局部形成煤线，显示植物碎片的富集大部分是由外部搬运而来，而非原地环境沼泽化的产物。

（3）平面上，水下分流间湾沉积位于水下分流河道沉积之间；剖面上，往往位于水下天然堤之上、水下分流河道沉积之下，顶部或连续过渡为湖湾或前三角洲黑色页岩沉积，或被河口砂坝、分流河道截切超覆。

（4）测井曲线表现为自然电位、自然伽马、电阻率曲线呈平直或近于平直的变化，间或出现由薄层粉、细砂岩引起的齿峰，井径具明显的扩径现象。

3）河口坝沉积

河口坝系由河流带来的砂泥物质在河口处因流速降低堆积而成。其沉积特征如下：

（1）岩性为灰－深灰色粉砂岩、粉－细砂岩、细砂岩，单个砂体常呈向上粒度变粗、泥质含量减少的反韵律层序，含油性向上变好。

（2）砂岩成分成熟度与结构成熟度均较低，粒度概率累积曲线多呈三段式。其中，跳跃次总体由交角较大和斜率较高的两段组成，含量变化较大（80% ~ 90%）；悬浮次总体斜率较平缓，含量为 10% ~ 20%，显示改造不彻底的快速堆积特征。

（3）沉积构造方面，下部主要发育水平层理、波纹层理，向上出现浪成波纹层理、板状交错层理、平行层理、块状层理，可见滑塌变形构造、包卷层理等沉积构造，显示该沉积单元早期处于具间歇湖浪作用的弱动荡环境，后期水深变浅、水动力强度增高，并接受湖浪和河流的双向水流簸选作用，以及沉积速度高和堆积坡度随三角洲进积作用加强而快速变陡易发生滑塌作用的总体特征。

（4）所含生物化石较少，主要为炭化植物碎片，可见垂直生物钻孔。

（5）平面上河口坝沉积位于水下分流河道的末端，多呈向湖方向加宽的扇形堆积体。垂向上，河口坝沉积位于三角洲旋回的下部，往往由一个或多个河口坝与远砂坝叠置组成向前三角洲下超的进积复合体，顶部则被向湖盆方向延伸的水下分流河道截切超覆。

（6）河口坝沉积在电测曲线上表现为：自然伽马曲线显示为漏斗形，底部渐变，顶部突变；微电极、视电阻率曲线也呈向上测值增大的漏斗形曲线。

3. 三角洲平原亚相沉积

三角洲平原沉积分布在长 2 ~ 长 3 油层组，随着水体深度变化，平原亚相一般分流河道及天然堤、决口扇、河口坝等微相，但 WL 地区天然堤、决口扇、河口坝等微相不发育也不易辨识，因而统称为河道间微相。分流河道岩性特征为厚层块状砂岩夹粉砂质泥岩或为砂泥岩互层沉积，由多个沉积韵律叠置而成，河道间发育粉砂质泥岩或者泥质粉砂岩以及泥岩等细粒沉积物。

四、目的层沉积相展布特征

在对 WL 地区沉积相认识的基础上，结合区内井长 2 ~ 长 8 油层组的岩性、电性组合及沉积结构、构造特征，利用 278 口井的测井数据，以长 2^1、长 $4+5^2$、长 6^1 和长 8^2 亚组为单元，编制了砂岩等厚图和以砂地比图为背景的沉积相图。在此基础上，对各地层单元砂体平面展布规律及沉积微相进行了分析。各地层时期，由于每个油层亚组或小层都有 1 ~ 2 期甚至更多期河道的叠置，因此，沉积相平面图中标出的分流河道（或水下分流河道或浊积水道）并不代表实际的古河道位置和规模，而只能反映每个油层亚组沉积时，古河道相互叠置的位置，那里的砂层厚度、砂地比值也是几期分支河道叠加的产物。对于 WL 地区，长 2 亚组砂地比大于 0.5 的称为分流河道微相，砂地比为 0.3 ~ 0.5 的称为分流河道侧翼微相，砂地比小于 0.3 的称为河道间微相；对于 WL 地区长 8、长 6 和长 4+5 亚组，砂地比大于 0.5 的称为水下分流河道微相，砂地比为 0.3 ~ 0.5 的称为水下分流河道侧翼微相，砂地比小于 0.3 的称为分流间湾微相。

需要说明的是，沉积相图只是反映各个不同时期，也就是说一定时间跨度内，不同位置砂体的垂向叠置效应的影响范围，由于每个亚组包含不止一期河道沉积旋回，因此，平面图中的河道并非某一条古河道的位置和规模，而是几期河道的叠置区域。

1. 长 8^2 亚组沉积相展布规律

长 8^2 亚组为三角洲前缘亚相沉积，在该区主要发育两条相互贯通的水下分流河道，展布方向均为北东 – 南西向，被北南向分支所贯通。河道自 N281 井东部 – N139 井 – W2 井一线展布，在 X54 井西南部分叉出一条支流，支流自 W80 井 – W81 – 1 井 – W81 – 7 井 – W53 井 – W134 井一线汇入南部河道，南部河道自 W78 – 4 井向南西展布。该分流河道砂地比一般为 0.50 ~ 0.86，砂体厚度一般为 15 ~ 25m，分流河道中心砂地比一般为 0.70 ~ 0.86，砂体厚度一般为 20 ~ 25m。分流河道侧翼沉积在 N284 井 – N205 井 – N177 井一线、W3 井 – W99 井 – W136 井一线、N173 井 – W139 井 – W138 井一线，砂地比为 0.30 ~ 0.46，砂体厚度大概为 8 ~ 15m。分流间湾局部发育，分别位于 N137 井、N173 井及 W136 井等区域（图 2 – 24、图 2 – 25）。

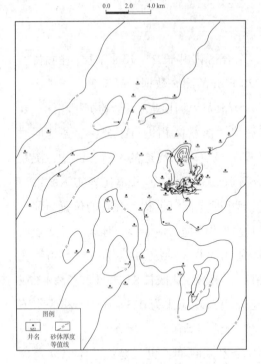

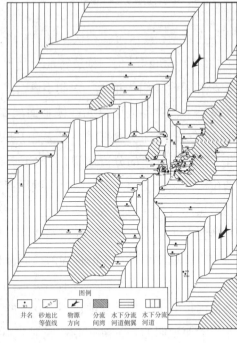

图 2 - 24　WL 地区延长组长 8^2
砂体厚度等值线图

图 2 - 25　WI 地区延长组长 8^2
沉积相平面图

2. 长 8^1 亚组沉积相展布规律

长 8^1 亚组为三角洲前缘亚相沉积，在该区主要发育两条水下分流河道，展布方向均为北东 - 南西向，自北向南依次为 W3 井 - W99 井 - N195 井 - W80 井 - W81 - 11 井 - W86 井一线、W78 井向南西一线，两河道在 W134 井西南部汇入一条河道。该分流河道砂地比一般为 0.50 ~ 0.84，砂体厚度一般为 20 ~ 40m，分流河道中心砂地比为 0.70 ~ 0.84，砂体厚度为 30 ~ 40m。分流河道侧翼在 X54 井 - N139 井 - W126 - 8 井 - W129 井 - W53 井 - W139 井 - W140 井一线、W42 井 - W134 井一线，砂地比为 0.30 ~ 0.49，砂体厚度大概为 15 ~ 20m。分流间湾局部发育，分别位于 W138 井 - W123 井 - W127 井 - N137 井一线以及 W51 井 - W109 一线(图 2 - 26、图 2 - 27)。

3. 长 6^1 亚组沉积相展布规律

长 6^1 亚组为三角洲前缘亚相沉积，在区内发育两条水下分流河道，展布方向为南西 - 北东向，由北自南依次为 N284 井 - N137 井 - N174 井 - N172 井 - XT6 井一线、W109 井 - W51 井 - W42 井 - W134 井一线。该水下分流河道砂地比一般为

0.50～0.87，砂体厚度为 20～30m，分流河道中心砂地比一般为 0.70～0.87，砂体厚度为 25～30m。水下分流河道侧翼局部发育，分流间湾不发育(图 2-28、图 2-29)。

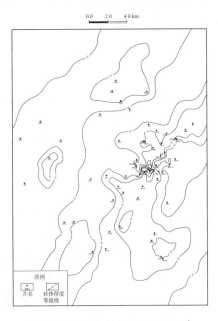

图 2-26　WL 地区延长组长 8[1]
亚组砂体厚度等值线图

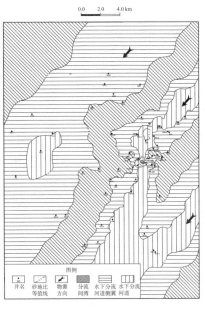

图 2-27　WL 地区延长组长 8[1]
亚组沉积相平面图

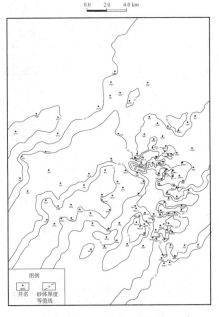

图 2-28　WL 地区延长组长 6[1]
亚组砂体厚度等值线图

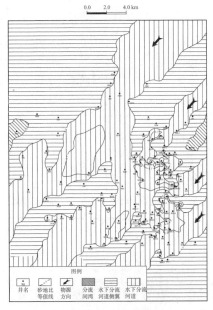

图 2-29　WL 地区延长组长 6[1]
亚组沉积相平面图

4. 长 4 +5² 亚组沉积相展布规律

长 4 +5² 亚组为三角洲前缘亚相沉积，在区内主要发育 3 条水下分流河道沉积，展布方向为北东 – 南西向，自北向南依次为 X54 井 – N139 井 – X8 井 – N128 井 – N117 井一线、N240 井 – W129 井 – W58 井一线、W71 井 – W78 井 – N197 井一线。该水下分流河道砂地比一般为 0.50 ~ 0.83，砂体厚度为 15 ~ 20m。水下分流河道侧翼在 N284 井 – N295 井 – X28 井 – N174 ~ N172 井一线，水下分流河道侧翼砂地比一般为 0.30 ~ 0.48，砂体厚度为 10 · 15m。分流间湾局部发育，主要发育在 W2 井、3035 – 11 井、3092 – 11 井、W2 井区域以及 W82 井 – X42 井一线、N137—XT55 一线、W95 – W109 一线（图 2 – 30、图 2 – 31）。

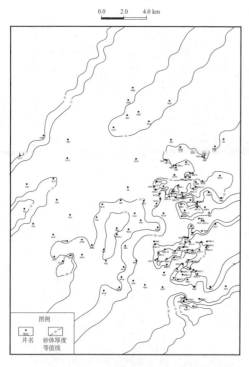

图 2 –30 WL 地区延长组长 4 +5² 亚组砂体
厚度等值线图

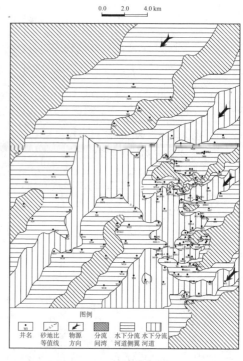

图 2 –31 WL 地区延长组长 4 +5² 亚组
沉积相平面图

5. 长 2¹ 亚组沉积相展布规律

长 2¹ 亚组为三角洲平原亚相沉积，主要发育一条分流河道，展布方向为北东 – 南西向，由北到南依次为 N284 井 – N295 井 – N137 井 – XT9 井 – N127 井一线（分别在 X29 井与 N139 井处分叉为两支流），该分流河道砂地比一般为 0.50 ~

0.89，砂体厚度一般为 15～25m，分流河道中心砂地比为 0.70～0.89，砂体厚度为 20～25m。局部发育分流河道侧翼，河道间不发育（图 2-32、图 2-33）。

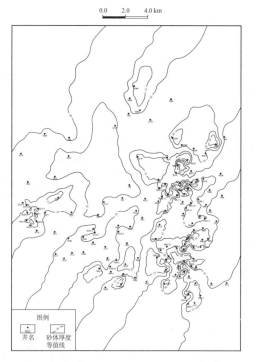

图 2-32　WL 地区延长组长 2¹ 亚组砂体
厚度等值线图

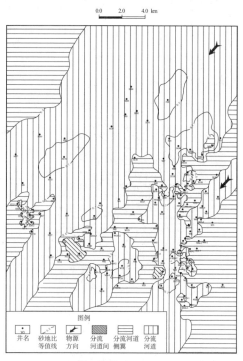

图 2-33　WL 地区延长组长 2¹ 亚组
沉积相平面图

第三节　储集层特征

一、储层岩石学特征

WL 地区长 2 油层组储层岩性以中砂质细粒长石砂岩为主，岩石学特征相似（图 2-34）。砂岩的主要矿物成分为长石，含量平均为 47.44%；其次为石英，含量平均为 44.85%；岩屑含量平均为 5.43%；云母含量变化不大，平均为 1.57%；岩屑以变质岩岩屑为主，其次为火成岩岩屑及少量沉积岩岩屑（表 2-4）。该区长 4+5 油层组和长 6 油层组储层岩性以中砂质细粒长石砂岩为主，岩石学特征相似（图 2-34）。砂岩的主要矿物成分为长石，含量平均为 55.11%；其次为石英，含量平均为 36.89%；岩屑含量平均为 0.89%；云母含量变化不大，平均为 5.33%；岩屑以沉积岩岩屑为主，其次为火成岩岩屑和变质岩岩屑(表 2-4)。该区长 8 油层组储层岩性以中砂质细粒长石砂岩为主，岩石学特征相似(图 2-34)。砂岩的主要矿物成分为长石，含量平均为 53.07%；其次为石英，含量平均为 36.61%；岩屑含量平均为 4.67%；云母含量变化不大，平均为 4.72%；岩屑以变质岩岩屑为主，其次为火成岩岩屑和沉积岩岩屑(表 2-4)。

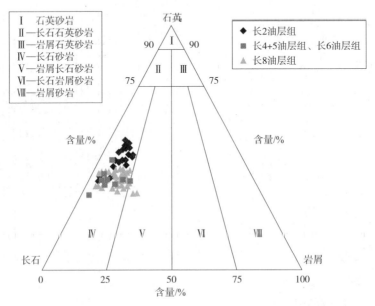

图 2-34　WL 地区长 2 ~ 长 8 油层组储层砂岩分类三角图

表 2-4　研究区长 2 到长 8 储层矿物成分统计表

矿物成分含量/ %			层位		
			长 2 油层组	长 4 + 5 油层组和 长 6 油层组	长 8 油层组
碎屑成分	石英类		44.85	36.89	36.61
	长石类		47.44	55.11	53.07
	岩屑类	火成岩岩屑	0.85	0.17	0.93
		变质岩岩屑	4.41	0.11	3.35
		沉积岩岩屑	0.17	0.61	0.39
	其他	绿泥石	0.11	1.56	4.72
		云母	1.57	5.33	0.13

矿物成分含量/ %		层位		
		长 2 油层组	长 4 +5 油层组和 长 6 油层组	长 8 油层组
填隙物成分	泥质	1.34	1.56	3.78
	绿泥石	0.28	2.27	2.78
	方解石	0.74	1	4.76
	白云石	1.39	0	0.30
	自生高岭石	0	0	0.15
	浊沸石	0.74	0.17	0
	硅质	0	0.11	0
	泥铁质	0	0.22	0
	凝灰质	0	0	0

该区长 2 油层组储层填隙物含量平均为 8.2%，主要为胶结物，杂基含量较少；胶结物主要为白云石、方解石和浊沸石，杂基主要为泥质（表 2 - 4）。区内长 4 +5 油层组和长 6 油层组储层填隙物含量平均为 5.3%，主要为胶结物，杂基含量较少；胶结物主要为绿泥石，杂基主要为泥质（表 2 - 4）。该区长 8 油层组储层填隙物含量平均为 11.8%，主要为胶结物，杂基含量较少；胶结物主要为方解石、绿泥石，杂基主要为泥质（表 2 - 4）。

该区长 2 油层组砂岩的结构特点为碎屑颗粒较均一，分选以中等到好；磨圆度以次棱角 - 次圆状为主；颗粒呈点状或点线接触；胶结类型主要为孔隙式，其次为薄膜 - 孔隙式。该区长 4 +5 油层组和长 6 油层组砂岩的结构特点为碎屑颗粒较均一，分选以中等到好，个别为差；磨圆度以次棱角 - 次圆状为主；颗粒呈点状或点线接触；胶结类型主要为孔隙式，其次为接触型。该区长 8 砂岩的结构特点为碎屑颗粒较均一，分选以中等为主，其次为分选好；磨圆度以次棱角 - 次圆状为主；颗粒呈点状或点线接触；胶结类型主要为孔隙式，其次为孔隙 - 薄膜式，个别为薄膜式和连晶式。

二、储集层的成岩作用特征

WL 地区延长组长 2 ~长 8 油层组砂岩储集岩是典型的低渗透致密砂岩储层，其成岩作用类型复杂。在埋藏成岩过程中，各种成岩作用对砂岩的原生孔隙的保存或破坏，以及次生孔隙的发育都产生一定的影响。根据成岩作用对储层物性的改善和破坏结果，可以划分为建设性成岩作用和破坏性成岩作用。破坏性成岩作用主要是通过占据孔隙空间而破坏储层，使储集空间减小。WL地区破坏性成岩作用包括机械压实作用、压溶作用、泥质及硅质的胶结作用，以及碳酸盐的胶结作用、交代作用、重结晶作用等。其中，压实压溶作用、胶结作用对储层影响最大。建设性成岩作用主要是通过溶蚀及抑制孔隙胶结两种方式来扩大孔隙空间，从而使储层空间得到改善。该区最主要的建设性成岩作用为溶蚀作用、黏土薄膜形成作用，其中，溶蚀作用对储层影响最大。

1. 破坏性成岩作用类型

1）压实压溶作用

机械压实作用贯穿于埋藏成岩阶段的整个过程，是引起砂岩孔隙度降低的主要原因之一，长2～长8储层压实压溶作用十分强烈，压实作用使碎屑颗粒转动，定向排列，软碎屑变形，刚性颗粒产生机械断裂，碎屑颗粒在压力下形成线(线接触)面接触、凹凸状接触及缝合线接触，如泥岩岩屑、云母等的弯曲变形甚至被挤入粒间孔隙中形成假杂基，特别是云母受到强烈的压实作用变形而堵塞孔隙与喉道(图2-35)。压实作用的后期，长石砂岩中的主要黏土矿物绿泥石薄膜析出，绿泥石主要呈薄膜状或栉壳状附着在碎屑颗粒表面并堵塞孔喉。薄片分析表明，云母、泥岩

(a) N141井，长2油层组　　　　(b) N115井，长9油层组

(c) N137井，长7油层组　　　　(d) N179井，长6油层组

图2-35　WL地区各层压实作用照片

岩屑等塑性颗粒含量高的砂岩，受机械压实的影响较显著，其面孔率一般较低。

随着上覆压力的增大，压实作用逐渐被压溶作用所代替，表现为颗粒间由线状接触过渡为凹凸接触呈现镶嵌式胶结，长石、石英的次生加大边发育，其结果不仅使原生粒间孔隙进一步缩小，同时也使喉道半径大大减小，降低了储层的渗透能力，影响储层物性。该区砂岩中压溶作用表现较压实作用微弱，但也有一定的颗粒间的凹凸接触形成了镶嵌状致密接触。总之，WL地区的压溶作用会造成石英、长石的次生加大形成斑块状的致密镶嵌结构（图2-35）。压实作用、压溶作用使各目的层砂岩的孔隙损失很大，经过压实作用、压溶作用，储层剩余孔隙率大多数为原始孔隙率的一半以下。

2）胶结充填作用

WL地区砂岩中的胶结物主要有自生黏土矿物、碳酸盐矿物、自生石英长石及浊沸石等，其主要胶结作用有方解石胶结、绿泥石薄膜及绿泥石充填胶结、石英、长石次生加大等。它们在碎屑颗粒间沉淀析出，或以颗粒次生加大，或以相互交代以及交代碎屑颗粒等形式出现，可降低孔隙度和渗透率。胶结类型主要为孔隙式，少量为薄膜-孔隙式。

（1）泥质胶结。

泥质胶结作用主要为黏土矿物胶结，包括自生黏土矿物胶结物和少量的陆源黏土胶结，借助于扫描电镜和X-衍射可以将两者区别开来。二者的区别在于陆源黏土矿物组成比较混杂，主要发生于早期成岩阶段，且在粉砂岩中常见；而自生黏土矿物组成相当单一，是成岩期形成的，在中、细砂岩中常见。显微镜下泥质通常以薄膜、泥晶、鳞片结构充填粒间孔隙，泥质胶结的主要胶结物为绿泥石、高岭石、伊利石及伊/蒙混层等矿物，其中，绿泥石薄膜为早成岩A期砂岩的主要胶结物。从含量分析看（表2-5），长2~长8油层组的绿泥石或伊蒙间层含量最高，其次是高岭石或伊利石。

表2-5 黏土矿物长2~长8油层组储层X-衍射数据统计

层位	样品	I	K	C	I/S	S
		伊利石含量/%	高岭石含量/%	绿泥石含量/%	伊蒙间层含量/%	间层比
长2油层组	11	12.9	16.3	44.5	26.3	20.8
长4+5油层组和长6油层组	6	8.0	17.5	45.3	29.1	25.3
长8油层组	9	8.9	10.7	26.7	53.8	25.8

（2）硅质胶结。

石英次生加大是孔隙水中溶解的 SiO_2 在碎屑石英表面上共轴增生形成的，早期次生加大石英形成于压实前或同期，石英次生加大边主要受控于可生长空间大小的限制，可环绕整个碎屑石英，也可仅分布于石英颗粒的局部，呈加大边或充填于孔隙中。

（3）碳酸盐胶结。

WL 地区碳酸盐胶结物有铁白云石、方解石、含铁方解石胶结 3 种，且以铁白云石胶结物为主（图 2 - 36）。方解石胶结物可以分为早、晚两期，其中，早期方解石胶结物不如晚期铁方解石胶结物常见。在早期方解石胶结的碎屑颗粒中，只有极少量的碎屑石英边部发育次生加大边。晚期方解石胶结比较常见，以孔隙充填为特征，呈不规则状分布在碎屑颗粒之间。晚期方解石是典型的埋藏成岩过程的产物，形成在次生加大之后。

(a) 白云石、铁白云石胶结物为晶粒结构，多充填于粒间孔中（N128 井，长2油层组，725.18~725.28m）

(b) 方解石、铁白云石胶结物为晶粒结构，多充填于颗粒间（X41 井，长2油层组，500.89~500.99m）

(c) 岩石内方解石胶结物为它形晶粒结构，充填于多数颗粒间（N194 井，1146.62m，长8油层组）

(d) 岩石内方解石胶结物为它形晶粒结构，充填于多数颗粒间（N137 井，长7油层组）

图 2 - 36　WL 地区各层碳酸盐岩胶结特征照片

2. 建设性成岩作用类型

1)溶蚀作用

溶解、溶蚀作用主要使已有的矿物(包括有碎屑成分和次生胶结物)部分或完全地溶解,其作用是使不稳定或易溶解的矿物被溶解搬运或转化为其他稳定的矿物。据研究,各储层中的溶蚀作用强烈,溶蚀作用是形成次生孔隙,改善储层储渗条件的主要因素。WL地区溶蚀作用发生在成岩作用晚期,有机质处于低成熟-成熟阶段,生油岩中的有机质开始脱羧基,并释放出CO_2,这些物质进入孔隙流体中,使水介质呈酸性,富含有机酸和无机酸的酸性孔隙流体是导致储层碎屑组分发生溶解的主要动力。由溶蚀作用形成的粒间溶孔及粒内溶孔成为该区长石砂岩最主要的次生储集空间(图2-37)。

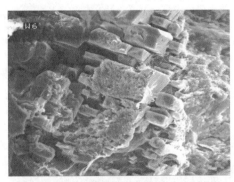

(a) 长石溶蚀（N128井，长2油层组，715.83m）

(b) 长石溶蚀（X41井，长2油层组，500.89m）

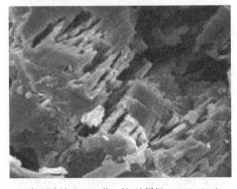

(c) 长石溶蚀（N195井，长8油层组，1082.12m）

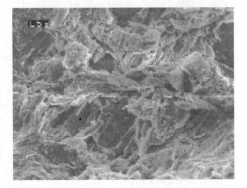

(d) 长石溶蚀（W67井，长6油层组，812.26m）

图2-37 WL地区各层溶蚀作用特征照片

据该区铸体薄片和扫描电镜观察,砂岩在中成岩期形成了大量的溶蚀型次生孔隙,有效改善了砂岩储集层的孔隙结构。WL地区常见的碎屑组分溶蚀主要表现为颗粒的溶蚀,如长石局部沿解理缝溶蚀,有的沿解理缝或双晶缝强烈溶蚀致使解理发生；胶结物碳酸盐矿物溶蚀也很常见，此外，填隙物岩屑溶蚀也很普遍。总之，溶孔的形成也使孔隙喉道的发育及孔喉间的连通性得到了一定程度的改善。

2）绿泥石黏土膜抑制作用

如前所述，在成岩作用早期形成的绿泥石黏土膜就覆盖了颗粒表面，黏土膜膜厚大于 $3\mu m$ 时就能有效抑制石英、长石等的生长，起到有效保护粒间孔隙的作用。

3. 成岩阶段划分

据前人对鄂尔多斯盆地延长组的研究可知，其古地温一般为 90～120℃，镜质体反射率（R_o）为 0.57%～0.98%，平均为 0.75%，表现为成熟期－高成熟期的特征（任战利等，1994）。另外，该区黏土矿物 X－衍射、铸体薄片及扫描电镜等实验分析表明，区内目的层储层具有以下特征：有晚期含铁碳酸盐类胶结物，特别是铁白云石，常呈粉晶－细晶结构；黏土矿物中绿泥石含量居多，一般为65%～88%，平均为77%，常呈叶片状或绒球状，蒙皂石基本消失；长石、岩屑及碳酸盐矿物被溶解，溶解残余结构清楚，见有溶蚀孔隙发育等特征。

综上所述，WL 地区目的层经历了同生成岩到早成岩再到中成岩 A 期的过程，现今主要处于中成岩阶段的 A 期。而且随着深度加深，成岩作用有加强的趋势。

三、储集层的物性特征

1. 实测物性统计

收集了区内 260 块样品实测物性资料。其中，长 2 油层组储层孔隙度最小为8.2%，最大为 14.2%，平均为 11.8%，主要分布在 10.0%～14.0%之间；长4＋5 油层组和长 6 油层组储层孔隙度最小为 3.8%，最大为 14.9%，平均为10.6%，主要分布在 8.0%～13.0%之间；长 8 油层组储层孔隙度最小为 1.3%，最大为 15.7%，平均为 7.0%，主要分布在 3.0%～8.0%之间（表 2－6，图2－38～图 2－40）。

表 2 - 6　WL 地区各层物性统计表

层位	长 2 + 3 油层组		长 4 + 5 油层组和长 6 油层组		长 8 油层组	
物性	孔隙度/%	渗透率/$10^{-3}\mu m^2$	孔隙度/%	渗透率/$10^{-3}\mu m^2$	孔隙度/%	渗透率/$10^{-3}\mu m^2$
最大值	14.2	9.10	14.9	6.10	15.7	2.06
最小值	8.2	0.30	3.8	0.10	1.3	0.03
平均值	11.8	1.38	10.6	0.74	7.0	0.27
样品数	15	15	94	94	99	99

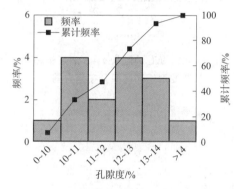

图 2 - 38　WL 地区长 2 油层组
孔隙度分布直方图

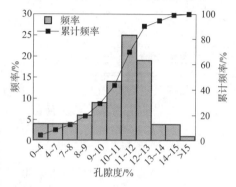

图 2 - 39　WL 地区长 4 + 5 油层组和
长 6 油层组孔隙度分布直方图

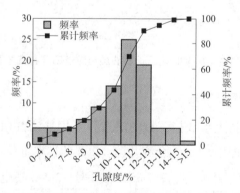

图 2 - 40　WL 地究区长 8 油层组孔隙度分布直方图

　　渗透率值的变化比较大。WL 地区长 2 油层组渗透率分布在 $(0.30 \sim 9.10) \times 10^{-3}\mu m^2$ 之间，平均为 $1.38 \times 10^{-3}\mu m^2$，主要分布在 $(0.5 \sim 2.0) \times 10^{-3}\mu m^2$ 之间；该区长 4 + 5 油层组和长 6 油层组渗透率分布在 $(0.10 \sim 6.10) \times 10^{-3}\mu m^2$ 之间，平均为 $0.74 \times 10^{-3}\mu m^2$，主要分布在 $(0.15 \sim 1.2) \times 10^{-3}\mu m^2$ 之间；该区长 8 渗透

率分布在$(0.03 \sim 2.06) \times 10^{-3} \mu m^2$之间，平均为$0.27 \times 10^{-3} \mu m^2$，主要分布在$(0.03 \sim 0.5) \times 10^{-3} \mu m^2$之间(表2-6，图2-41~图2-43)。

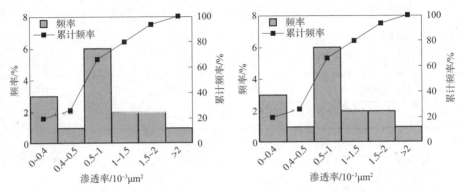

图2-41　WL地区长2油层组　　　　图2-42　WL地区长4+5油层组和
渗透率分布直方图　　　　　　　　长6油层组渗透率分布直方图

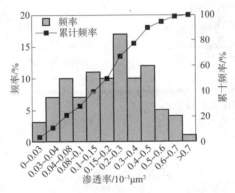

图2-43　WL地区长8油层组渗透率分布直方图

2. 孔渗饱解释模型的建立

WL地区测井系列为小数控，目的层进行了标准测井(1:500的自然电位、自然伽马、2.5m视电阻率)和综合测井(1:200的自然电位、自然伽马、声波时差、微电极、双感应、八侧向、0.5m视电阻率、2.5m视电阻率、4.0m视电阻率、井径)。自然电位、自然伽马可以较好地区分砂泥岩，声波时差曲线可以用来解释储层孔隙度，深感应曲线可以较好地反映含油性。采用自然电位、自然伽马、声波时差、深感应电阻率曲线，参考微电极等其他曲线，可以定量解释油层。

对长2～长8油层组部分井进行了的取心和物性分析。常规岩心分析项目有孔隙度、渗透率、饱和度、碳酸盐含量、含盐量、粒度、薄片等，并做了压汞试验、铸体薄片试验、岩电试验、电镜扫描、X - 衍射等分析。

1) 孔隙度解释模型

孔隙度是衡量储层储集性能好坏的一个重要参数指标，其分析计算的准确性直接影响到含气饱和度、渗透率计算值的可靠性，所以孔隙度解释十分重要。孔隙度一般与声波时差、密度、中子3条测井曲线有关，由于测井信息受各种地质因素的影响，必须考虑岩性因素、泥质影响、孔隙结构造成的非线性变化、含流体性质影响等因素。密度、中子、声波时差均可用来求解孔隙度，但是不同的测井曲线受井眼影响的程度不同。其中，密度曲线受井眼影响最为显著，中子曲线次之，声波时差则一般不受井眼影响。故选用岩心分析孔隙度(Φ)与对应的声波曲线(AC)来建立孔隙度测井解释模型。

根据 WL 地区实际情况，采用 4 口井 70 个长 2 油层组的资料(图 2 - 44)，经回归分析处理，可得到回归公式：$\Phi = 0.1989\Delta t - 23.001$，该式相关系数为 0.9532。

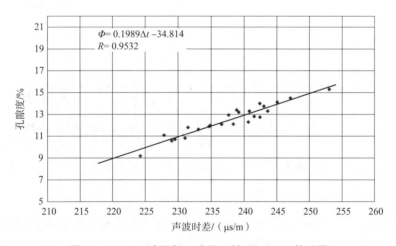

图 2 - 44 WL 地区长 2 油层组储层 $\Phi - \Delta t$ 关系图

根据区内实际情况，采用 9 口井 291 个长 4 + 5 油层组和长 6 油层组的资料(图 2 - 45)，经回归分析处理，可得到回归公式：$\Phi = 0.1417\Delta t - 34.814$，该式相关系数为 0.9751。

根据区内实际情况，采用 8 口井 120 个长 8 井层的资料(图 2 - 46)，经回归分析处理，可得到回归公式：$\Phi = 0.2058\Delta t - 39.658$，该式相关系数为 0.7019。

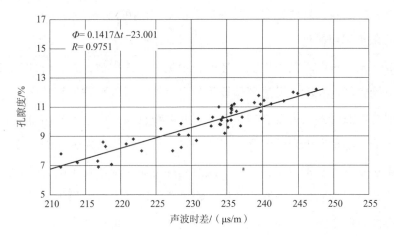

图 2-45　WL 地区长 4+5 油层组和长 6 油层组储层 $\Phi-\Delta t$ 关系图

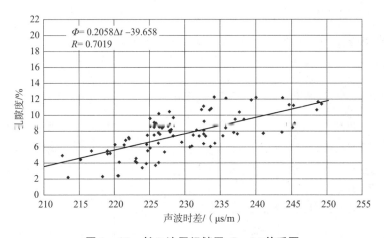

图 2-46　长 8 油层组储层 $\Phi-\Delta t$ 关系图

2)渗透率解释模型

岩石的渗透率参数是评价储层好坏的另一个重要指标。岩石的渗透率除与岩性、孔隙结构、岩石颗粒分选相关外，还受岩石孔隙度控制。因此，用测井方法求取的渗透率可信度不高。通常，渗透率和孔隙度相关，在其他条件一定的情况下，孔隙度越大，渗透率越高。通过岩心分析的孔隙度与岩心测量的渗透率进行相关性分析，即可求得计算渗透率的数学模型。

根据该区各井岩心分析孔隙度与渗透率值进行回归分析(图 2-47)，可看出，随着孔隙度增加渗透率也呈增加的趋势。求得 WL 地区长 2 油层组相应渗透率计算公式为：$K=0.028e^{0.2996\Phi}$，该式相关系数为 0.7864。

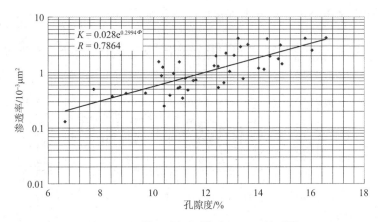

图 2 - 47 长 2 油层组储层 $\Phi - \Delta t$ 关系图

根据该区各井岩心分析孔隙度与渗透率值进行回归分析(图 2 - 48),可以看出,随着孔隙度增加渗透率也呈增加的趋势。求得长 4 + 5 油层组和长 6 油层组相应渗透率计算公式为:$K = 0.0095e^{0.4105\Phi}$,该式相关系数为 0.7730。

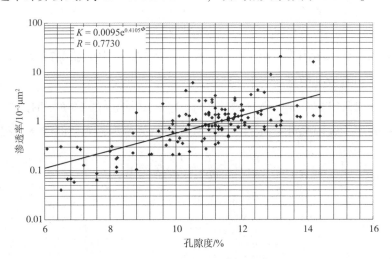

图 2 - 48 长 4 +5 油层组和长 6 油层组储层 $\Phi - \Delta t$ 关系图

根据该区各井岩心分析孔隙度与渗透率值进行回归分析(图 2 - 49),可以看出,随着孔隙度增加渗透率也呈增加的趋势。求得长 8 油层组相应渗透率计算公式为:$K = 0.0488e^{0.1994\Phi}$,该式相关系数为 0.7878。

3)含水饱和度解释模型

评价油气层是测井资料综合解释的核心,而含水饱和度又是划分油、水层的主要标志,所以含水饱和度是最重要的储集层参数。

计算含水饱和度的方法很多,但一般都以 S_w 与 R_t 的关系形式表达出来,也就是说，通常是以电阻率测井来求得地层的含水饱和度。

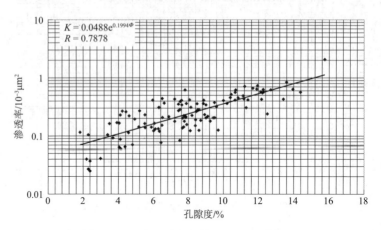

图2-49　长8油层组储层 Φ-Δt 关系图

阿尔奇公式为：

$$S_w = \sqrt[n]{\frac{abR_w}{\Phi^m R_t}} \qquad (2-1)$$

式中，R_w 为地层水电阻率，$\Omega \cdot m$；m 为胶结指数；n 为饱和度指数；a、b 为岩性系数；Φ 为有效孔隙度。

采用区内3口井14块岩样，测量出长2油层组地层因素（F）和孔隙度（Φ）对应的实验数据。经回归分析（图2-50），其回归关系为幂函数曲线，方程为：

$$\begin{cases} F = \dfrac{a}{\Phi^m} = \dfrac{1.0121}{\Phi^{1.904}} \\ R = 0.9954 \end{cases} \qquad (2-2)$$

图2-50　长2油层组地层因素-孔隙度关系

同时利用这 14 块样品，采用失水法试验测得电阻增大率（I）和含水饱和度（S_w）数据，经回归分析，其回归关系为幂函数曲线（图 2 - 51），方程为：

$$\begin{cases} I = \dfrac{b}{S_w{}^n} = \dfrac{1.0176}{S_w{}^{1.215}} \\ R = 0.9699 \end{cases} \qquad (2 - 3)$$

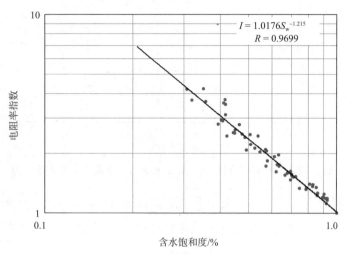

图 2 - 51　长 2 油层组地层电阻增大率 - 含水饱和度关系

通过上述实验，确定了长 2 油层组岩电参数：$a = 1.0121$，$b = 1.0176$，$m = 1.904$，$n = 1.215$。得出该区长 2 油层组含水饱和度计算公式：

$$S_w = (abR_w/\Phi^m R_t)^{1/n} \qquad (2 - 4)$$
$$= [1.0121 \times 1.0176R_w/(\Phi^{1.904} \cdot R_t)]^{1/1.215}$$

该区地层水电阻率（R_w）取 0.24Ω·m。油层电阻率（R_t）取深感应电阻率；孔隙度（Φ）采用声波时差计算值。

采用该区 1 口井 7 块岩样，测量出长 4 + 5 油层组、长 6 油层组地层因素（F）和孔隙度（Φ）对应的实验数据。经回归分析（图 2 - 52），其回归关系为幂函数曲线，方程为：

$$\begin{cases} F = \dfrac{a}{\Phi^m} = \dfrac{1.0322}{\Phi^{2.044}} \\ R = 0.999 \end{cases} \qquad (2 - 5)$$

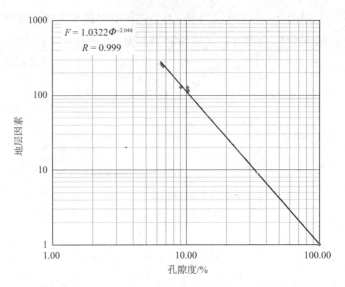

图2-52 长4+5油层组、长6油层组地层因素-孔隙度关系

同时，利用这7块样品，采用失水法试验测得电阻增大率(I)和含水饱和度(S_w)数据，经回归分析，其回归关系为幂函数曲线（图2-53），方程为：

$$
\begin{cases}
I = \dfrac{b}{S_w^n} = \dfrac{1.0449}{S_w^{1.272}} \\
R = 0.9720
\end{cases}
\tag{2-6}
$$

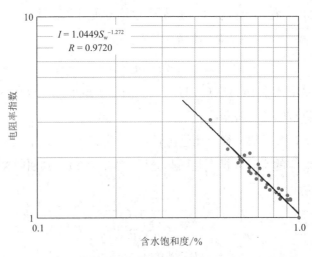

图2-53 长4+5油层组、长6油层组地层电阻增大率-含水饱和度关系

通过上述实验，确定了长4+5油层组、长6油层组岩电参数：$a = 1.0322$，$b = 1.0449$，$m = 2.044$，$n = 1.272$。得出该区长4+5油层组、长6油层组含水饱

和度计算公式:

$$S_w = (abR_w/\Phi^m R_t)^{1/n} \tag{2-7}$$
$$= [1.0322 \times 1.0449 R_w/(\Phi^{2.044} \cdot R_t)]^{1/1.272}$$

该区地层水电阻率(R_w)取$0.09\Omega \cdot m$。油层电阻率(R_t)取深感应电阻率;孔隙度(Φ)采用声波时差计算值。

采用该区3口井19块岩样,测量出长8地层因素(F)和孔隙度(Φ)对应的实验数据。经回归分析(图2-54),其回归关系为幂函数曲线,方程为:

$$\begin{cases} F = \dfrac{a}{\Phi^m} = \dfrac{1.0793}{\Phi^{1.778}} \\ R = 0.989 \end{cases} \tag{2-8}$$

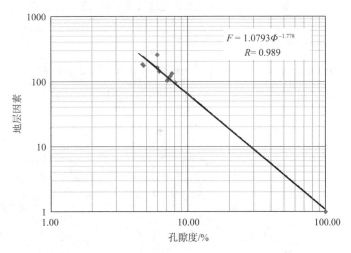

图2-54 长8油层组地层因素-孔隙度关系

同时,利用这19块样品,采用失水法试验测得电阻增大率(I)和含水饱和度(S_w)数据,经回归分析,其回归关系为幂函数曲线(图2-55),方程为:

$$\begin{cases} I = \dfrac{b}{S_w^n} = \dfrac{1.025}{S_w^{2.563}} \\ R = 0.9877 \end{cases} \tag{2-9}$$

通过上述实验,确定了长8油层组岩电参数:$a = 1.0793$,$b = 1.025$,$m = 1.778$,$n = 2.563$。得出该区长8含水饱和度计算公式:

$$S_w = (abR_w/\Phi^m R_t)^{1/n} \tag{2-10}$$
$$= [1.0793 \times 1.025 R_w/(\Phi^{1.778} \cdot R_t)]^{1/2.563}$$

该区地层水电阻率(R_w)取$0.11\Omega \cdot m$。油层电阻率(R_t)取深感应电阻率;孔隙度(Φ)采用声波时差计算值。

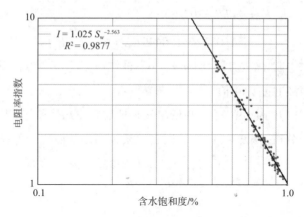

图 2-55　长 8 油层组地层电阻增大率 – 含水饱和度关系

3. 储层孔隙度和渗透率的评价结果

利用以上解释模型，对该区 278 口井长 2^1 亚组、$4+5^2$ 亚组、长 6^1 亚组、长 8^1 亚组和长 8^2 亚组储层的孔隙度和渗透率进行了计算，并编制了其平面分布图，其分布特征如图 2-56~图 2-65 所示。

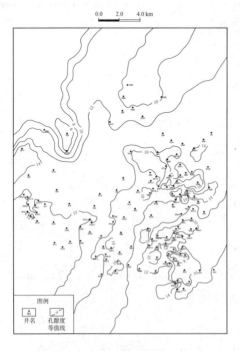

图 2-56　WL 地区延长组长 2^1
亚组孔隙度等值线图

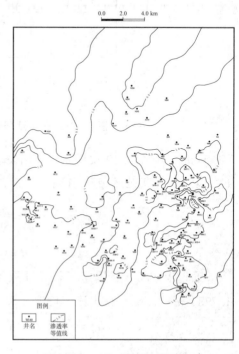

图 2-57　WL 地区延长组长 2^1
亚组渗透率等值线图

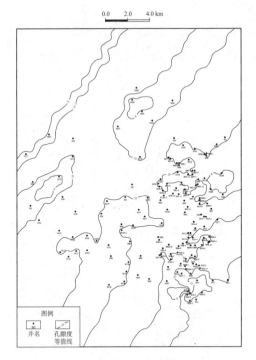

图 2 -58　WL 地区延长组长 4 +5^2
亚组孔隙度等值线图

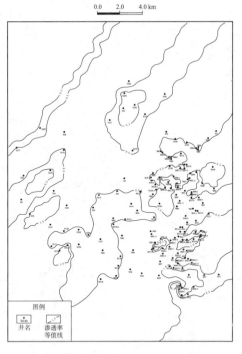

图 2 -59　WL 地区延长组长 4 +5^2
亚组渗透率等值线图

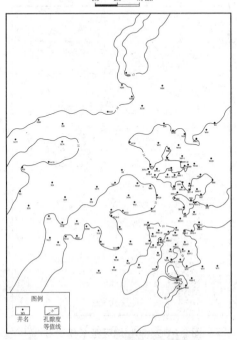

图 2 -60　WL 地区延长组长 6^1
亚组孔隙度等值线图

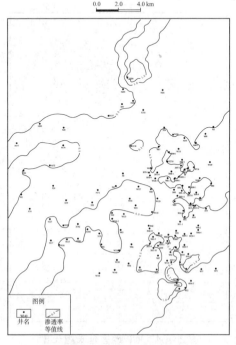

图 2 -61　WL 地区延长组长 6^1
亚组渗透率等值线图

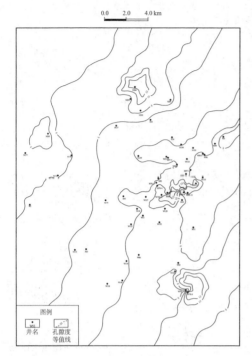

图 2-62 WL 地区延长组长 8^1
亚组孔隙度等值线图

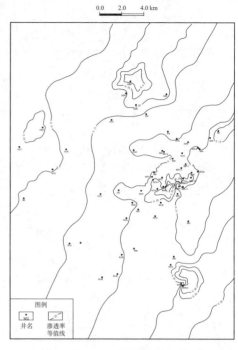

图 2-63 WL 地区延长组长 8^1
亚组渗透率等值线图

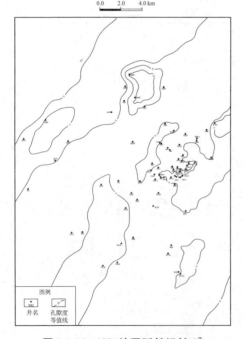

图 2-64 WL 地区延长组长 8^2
亚组孔隙度等值线图

图 2-65 WL 地区延长组长 8^2
亚组渗透率等值线图

四、储集空间及储集类型

鄂尔多斯盆地三叠系延长组长2～长8油层组储层发育多种类型的储渗空间，它们各自在不同地区或层段对储集油气起重要作用。孔隙常常用于描述储集岩的储集空间，储集空间按大小、形态一般分为孔、洞、缝、喉道四大类。一般来说，流体储集依赖于岩石的孔隙，但流体沿相互交替的孔喉系统流动时，则主要受流动喉道的最小断面即喉道直径的控制。

通过岩心观察及以上样品的铸体薄片、电镜扫描等资料的研究分析，对该区储层有意义的孔隙类型主要有粒间溶孔、粒内溶孔和残余粒间孔，个别为铸模孔和微孔(图2-66～图2-68)。

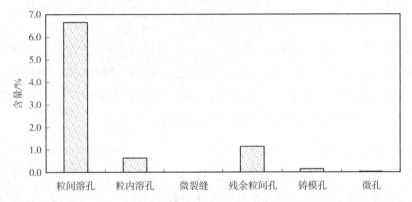

图2-66　WL地区长2油层组储层孔隙类型平均含量图(6口井27块铸体薄片)

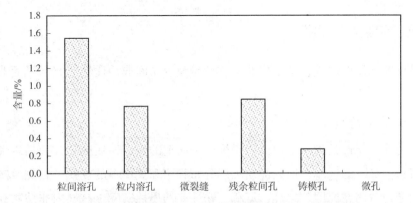

图2-67　WL地区长4+5油层组和长6油层组储层孔隙
类型平均含量图(3口井9块铸体薄片)

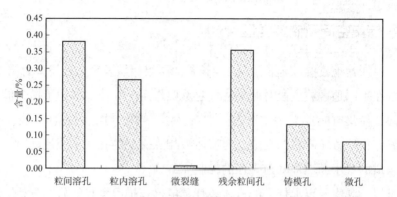

图 2 - 68　WL 地区长 8 油层组储层孔隙类型平均含量图(5 口井 27 块铸体薄片)

1. 溶蚀孔

WL 地区长 2 ~ 长 8 油层组储层溶蚀孔主要为粒间溶孔和粒内溶孔，其中以粒间溶孔为主，长 2 油层组粒间溶孔占比较大(图 2 - 66 ~ 图 2 - 68)。粒间溶蚀孔是填隙物(黏土、碳酸盐矿物)和长石、岩屑等碎屑颗粒边缘溶蚀形成的孔隙，它使原生孔隙部分恢复和扩大或形成新的次生孔隙。粒内溶孔主要为长石的粒内溶蚀。溶蚀作用极大地改善了储层物性，溶蚀作用的发育程度对 WL 地区特低 -超低渗透砂岩储层物性条件的改善起着举足轻重的作用。

2. 残余粒间孔(剩余粒间孔)

残余粒间孔是指原生粒间孔在经受了机械压实或经石英次生加大后保留的孔隙，WL 地区长 2 油层组储层残余粒间孔比重较小，长 4 +5 油层组、长 6 油层组和长 8 油层组所占比重相对较大。

五、储层非均质性

储层非均质性研究包括层内非均质性研究、层间非均质性研究和平面非均质性研究。

1. 层内非均质性

层内非均质性是指一个单砂层规模内垂向上的储层性质变化，包括岩性、粒度、沉积韵律、渗透率、层内泥质夹层分布频率和大小等的变化。它是生产中引起层内矛盾的内在原因。岩性、沉积、物性非均质性实际上是层内非均质性的具体表现，因此，从下面几个方面来叙述层内非均质性特征。

1)渗透率韵律性

通过该区 3 口井的实测岩心物性分析结果可以看出，区内长 2 ~ 长 8 油层组储层单砂体内部渗透率的变化主要有反韵律和正、反复合韵律等。具体表现为单砂体内部渗透率变化规律不明显，垂向上高低渗透率段交替分布(图2-69)。由于该区物性分析资料较少，仅几口井的少量物性分析可能反映不出整体特征。

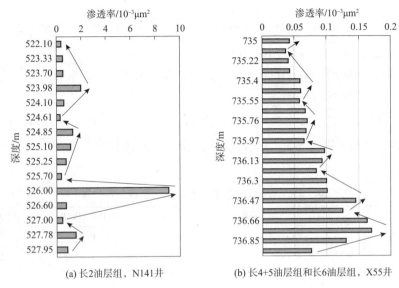

(a) 长2油层组，N141井　　　(b) 长4+5油层组和长6油层组，X55井

图2-69　WL地区主要层系典型井储层物性韵律图

2)层内渗透率非均质强度

渗透率是反映储层非均质性比较敏感的一个重要参数，常用来表征层内非均质程度的参数如表2-7所示。

表2-7　储层非均质性评价标准

评价参数		变异系数(V_k)	突进系数(T_k)	级差(J_k)	均质系数(K_p)
计算公式		$V_K = \dfrac{\sqrt{\sum\limits_{i=1}^{n}(K_i - \overline{K})^2/n}}{\overline{K}}$	$T_K = \dfrac{K_{max}}{\overline{K}}$	$J_K = \dfrac{K_{max}}{K_{min}}$	$K_p = \dfrac{\overline{K}}{K_{max}}$
非均质程度	弱非均质性	<0.5	<2.0	低值~高值	越接近1均质性越好
	中等非均质性	0.5~0.7	2.0~3.0		
	强非均质性	>0.7	>3.0		

(1)渗透率变异系数(V_K)：渗透率标准差与平均值的比值。

(2)渗透率突进系数(T_K)：最大渗透率与均值的比值。

(3)渗透率级差(J_K)：最大渗透率与最小渗透率的比值。

(4)渗透率均值系数(K_p)：砂层中平均渗透率与最大渗透率的比值。

砂岩渗透率的变异系数、突进系数和级差越大，则渗透率的非均质性越强。

根据这些参数可以将层内非均质程度分为三级，即弱非均质型、中等非均质型和强非均质型。

（1）弱非均质型：渗透率的变异系数（V_K）小于0.5，突进系数（T_K）小于2.0，级差（J_K）小于10。

（2）中等非均质型：渗透率的变异系数（V_K）为0.5～0.7，突进系数（T_K）在2.0～3.0之间，级差（J_K）为10～50。

（3）强非均质型：渗透率的变异系数（V_K）大于0.7，突进系数（T_K）大于3.0，级差（J_K）大于50。

通过对WL地区278口井的综合评价统计可知，长2油层组、长4+5油层组和长6油层组储层渗透率非均质性较强，长8油层组储层渗透率非均质性中等（表2-8）。

表2-8　WL地区各层储层非均质参数计算结果

层位	变异系数/V_K	突进系数/T_K	级差/J_K	均质系数/K_P	非均质强度
长2	1.04	4.18	39.83	0.35	强
长4+5	1.47	11.12	283.14	0.34	强
长6	0.95	5.27	105.54	0.36	强
长8	0.51	2.56	9.35	0.58	中等

3) 泥质隔夹层的密度、频率及分布

该区目的层段内普遍钻遇泥质夹层。据区内278口井的测井解释的岩性统计，砂岩中泥质夹层的出现频率、密度及厚度变化见表2-9。

表2-9　WL地区各层夹层统计表

层位	单井平均夹层数	单井平均夹层厚度/m	单夹层厚度/m	夹层频率/（层/m）	夹层密度
长2[1]	1.88	1.88	1.00	0.05	0.05
长4+5[2]	1.89	2.44	1.29	0.05	0.06
长6[1]	2.23	2.76	1.24	0.06	0.08
长8[1]	2.40	2.74	1.14	0.04	0.05
长8[2]	2.25	2.74	1.22	0.04	0.05

泥质夹层在电测曲线上反映为高时差、高自然伽马、低电阻，一般出现在正韵律层的顶部或反韵律层的底部。在剖面对比中，夹层的可比性较差，但因其分布广泛，在开发动态分析时应予以考虑。

2. 层间非均质性

1) 砂地比

用砂地比描述不同沉积类型岩石的层间非均质性，可以反映储层分布的差异和沉积微相的演变。

对该区 278 口井的测井解释的岩性统计结果表明(表 2 – 10),区内各油层组中,长 2 油层组和长 6 油层组的砂地比较大;长 4 + 5 油层组和长 8 油层组砂地比较长 2 油层组和长 6 油层组小。砂岩发育程度的差异能够反映出沉积微相的演变。

表 2 – 10 WL 地区各层砂地比统计表

层位	地厚平均值/m	单井平均砂岩数	单井平均砂岩厚度/m	单砂层厚度/m	砂地比平均值/f
长 2^1	36.50	3.75	20.33	5.42	0.56
长 4 + 5^2	38.68	4.56	15.98	3.50	0.41
长 6^1	35.06	4.41	18.95	4.30	0.54
长 8^1	58.59	7.41	24.99	3.37	0.43
长 8^2	55.40	6.37	23.43	3.68	0.42

2)隔层厚度及分布特征

在物源丰富的条件下,在一套地层的垂向上将形成大套的砂岩和厚层的泥质岩,这些泥质岩就是常称的隔层,岩性主要为泥岩、粉砂质泥岩、泥质粉砂岩和砂岩薄互层,在该区主要是河漫滩和分流河道间沉积,把厚度大于 2m 的泥质岩定为砂岩储层间的隔层。对该区 278 口井延长组长 2 ~ 长 8 隔层层数、隔层厚度进行统计,数据表明,长 4 + 5 油层组和长 8 油层组发育的隔层厚度较大(表2 – 11)。

表 2 – 11 WL 地区各层隔层统计表

层位	单井平均隔层数	单井平均隔层厚度/m	单隔层厚度/m	隔层频率/(层/m)	隔层密度
长 2^1	2.18	12.14	5.57	0.06	0.33
长 4 + 5^2	3.21	19.20	5.98	0.08	0.50
长 6^1	2.71	12.94	4.77	0.08	0.37
长 8^1	4.98	29.28	5.88	0.08	0.50
长 8^2	4.52	26.17	5.79	0.08	0.47

3. 平面非均质性

受沉积相带分布和成岩作用影响,WL 地区三叠系延长组长 2 ~ 长 8 油层组储层在横向上均具有较强的非均质性,表现在砂岩厚度、砂地比及储层物性均变化较大,尤其是垂直河流的延伸的方向上。薄、厚砂带的相间分布,使储层物性也出现相间分布的现象。增强了区内储层平面非均质性,同时也控制着储层的分布(图 2 – 24 ~ 图 2 – 33)。

六、储层分类

通过前面各章节分析，综合考虑储层岩石类型、沉积相、成岩作用、储层物性（主要为孔隙度和渗透率）、砂体厚度、微观孔隙结构特征、毛管压力曲线特征，以及鄂尔多斯盆地中生界碎屑岩储集层分类评价标准（表2-12），对该区长2~长8油层组储层进行综合分类。区内长2~长8油层组主要发育III_a~V类储层（表2-13），其中，长2油层组主要发育III_a V类储层，其中，III_a类储层和III_b类储层为相对较好的储层，IV_a类储层和IV_b类储层为中等到差储层，V类储层为致密层（图2-70）；长4+5油层组和长6油层组主要发育III_b~V类储层，其中，III_b类储层和IV_a类储层为相对较好储层，IV_b类为差储层，V类为致密层（图2-71）；长8油层组主要发育III_b~V类储层，其中，III_b类储层和IV_a类储层为相对较好的储层，IV_b类储层为中等到差储层，V类储层为致密层（图2-72）。

表2-12　鄂尔多斯盆地中生界碎屑岩储集层分类评价标准（赵靖舟等，2007）

类型	中渗透层（I类）	低渗透层（II类）	特低渗透层（III类）		超低渗透层（IV类）		致密层（V类）
亚类			III_a	III_b	IV_a	IV_b	
渗透率/$10^{-3}\mu m^2$	500~50	50~10	10~5	5~1	1~0.3	0.3~0.1	<0.1
孔隙度/%	30~17	17~15	15~13	13~10	10~8	8~6	<66
排驱压力/MPa	0.04	0.04~0.11	0.11~0.16	0.16~0.37	0.37~0.72	0.72~1.31	≥1.31
中值压力/MPa	0.27	0.27~0.68	0.68~1.00	1.00~2.49	2.49~4.90	4.90~9.10	≥9.10
最大孔喉半径/μm	16.96	16.96~7.05	7.05~4.63	4.63~2.01	2.01~1.03	1.03~0.57	<0.57
中值半径/μm	2.73	2.73~1.10	1.10~0.74	0.74~0.30	0.30~0.15	0.15~0.08	<0.08
孔喉均值/μm	4.18	4.18~1.77	1.77~1.22	1.22~0.52	0.52~0.27	0.27~0.15	<0.15
孔喉组合	大孔粗喉	中孔粗喉	中孔中细喉	小孔中细喉	小孔细喉	细孔微细喉	细-微孔微细喉-微喉

表2-13　WL地区储层综合评价结果

层位	储层占比/%						
	I类	II类	III_a类	III_b类	IV_a类	IV_b类	V类
长2	0	0	23.5	35.3	8.8	11.8	20.6
长4+5和长6	0	0	0	11.1	22.2	33.3	33.3
长8	0	0	0	15.6	12.5	40.6	31.3

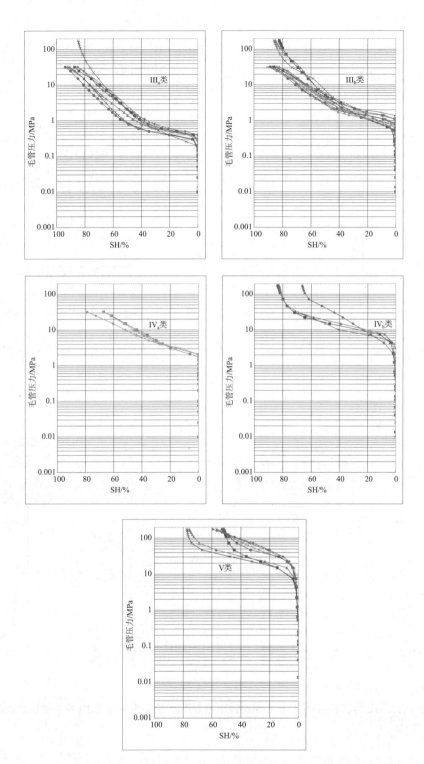

图2-70 WL地区长2储层典型毛管压力曲线图(6口井34块样品压汞数据)

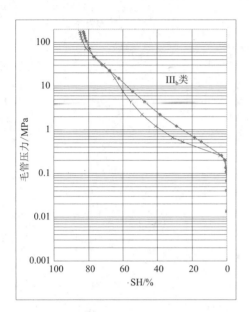
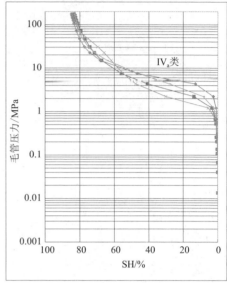
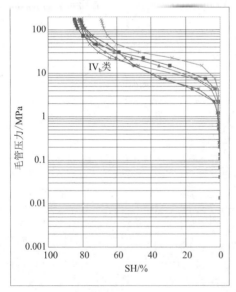
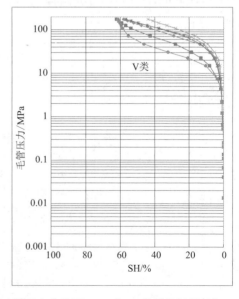

图2-71 WL地区长4+5和长6储层典型毛管压力曲线图(4口井19块样品压汞数据)

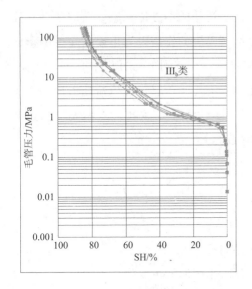
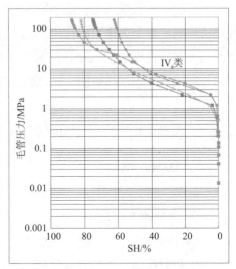
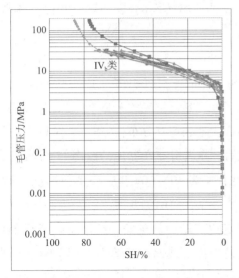
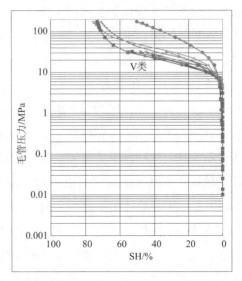

图 2-72 WL 地区长 8 储层典型毛管压力曲线图(3 口井 19 块样品压汞数据)

第四节 烃源岩与储盖组合评价

　　一般认为，鄂尔多斯盆地中生界油藏的原油主要来自上三叠统延长组长 4+
5～长 9 油层组湖相及三角洲相暗色泥岩，并以长 7 生油岩(张家滩页岩)为主，
后者是鄂尔多斯盆地中生界油藏的主力源岩。另外，长 9^1 亚组中的李家畔油页岩
也可为长 9 油层组和长 8 油层组提供油源。

盖层指位于储层之上，能够阻止油气向上移移的不渗透岩层。盖层条件对油气藏的形成起着至关重要的作用，尤其是区域盖层的作用更为重要。盖层的形成在时间上与水进期或沉积物供应减少期相对应，在空间上与沉积中心密切相关。国内外油气田分布规律表明，区域性稳定分布的优质盖层是沉积盆地形成油气田的必备条件之一。本小节通过不同岩性的测井响应特征，对泥岩及致密砂岩遮挡层进行了识别，并分析了盖层的宏观分布特征。

一、烃源岩评价

1. 烃源岩分布特征

1) 鄂尔多斯盆地延长组主力生油岩分布特征

前人研究认为，鄂尔多斯盆地三叠系延长组烃源岩主要为长4+5~长9油层组的暗色泥岩，并以长7油层组为主，长9油层组次之(张云霞等，2012；杨华等，2013，2016；王香增等，2013，2014；图2-73)。长7油层组生油岩是鄂尔多斯盆地中生界油藏的主要来源(杨华等，2005；白玉彬，赵靖舟等，2012；郭彦如等，2012)，主要为一套深湖-浅湖相为主的泥质沉积物，中间夹有部分细粉砂及粉砂岩。这是因为长7期是该盆地三叠纪湖盆发展的全盛期，深湖区范围较大，因而暗色泥岩分布较广，在盆地内广大地区均有分布(杨华等，2012)，鄂尔多斯盆地长7油层组张家滩页岩广泛发育，主要分布在盆地的西南部，厚值区位于姬塬-华池-洛川-旬邑一带，厚度普遍为10~50m，中心部位厚度可达80~95m以上，整体上呈北西-南东向带状展布、向两侧变薄，沉积中心如姬塬和下寺湾地区的厚度可达85~95m，往北定边-靖边-延安一线厚度减薄至5m左右，往南在环县以西-镇原-长武-旬邑以南一线厚度减薄到5m以下。纵向上页岩发育3套，分布在长7油层组的底部、中部和顶部，其中，以底部一套最为发育(图2-74、图2-75；董丽红等，2014；杨华等，2016)。另外，杨华等(2016)对长7油层组烃源岩发育岩性进行了精细识别和区分，识别出黑色页岩和暗色泥岩两种，并绘制了两种岩性的分布(图2-76)。而鄂尔多斯盆地长9油层组烃源岩比长7油层组烃源岩厚度小且分布少。根据董丽红等(2014)的研究结果表明，长9油层组油页岩主要分布在鄂尔多斯盆地的中南部，呈南北向条带状分布，厚值区位于志丹-甘泉一带，向四周逐渐减薄(图2-77)；南北向延伸较远，距离达290km，往北到达靖边以北地区，往南延伸至旬邑的马栏地区；东西向延伸较短，跨度约为120km，东部到达安塞-延安一线，向西在新安边-学庄-郝滩一线基本消失(图2-77)。本小节主要就长7和长9烃源岩层的分布情况加以分析。

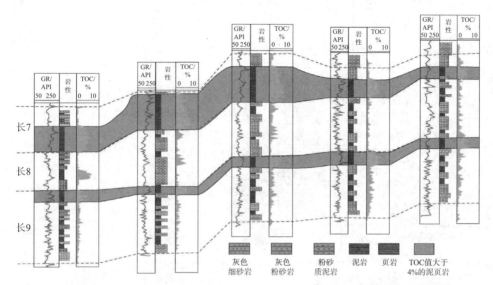

图2-73 鄂尔多斯盆地局部地区长7油层组和长9油层组油页岩展布图(据王香增等,2014)

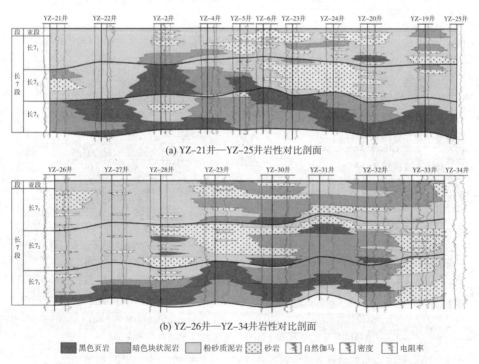

(a) YZ-21井—YZ-25井岩性对比剖面

(b) YZ-26井—YZ-34井岩性对比剖面

图2-74 鄂尔多斯盆地延长组长7油层组岩性连井对比图(据杨华等,2016)

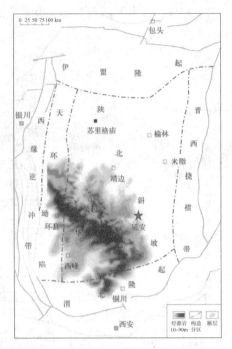

图2-75 鄂尔多斯盆地延长组长7油层组油页岩分布图(据董丽红等,2014)

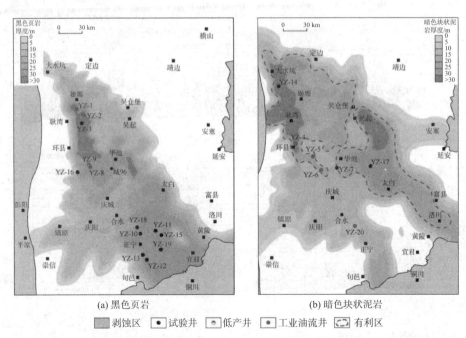

(a) 黑色页岩   (b) 暗色块状泥岩

图2-76 鄂尔多斯盆地长7油层组黑色页岩、暗色块状泥岩分布图(据杨华等,2016)

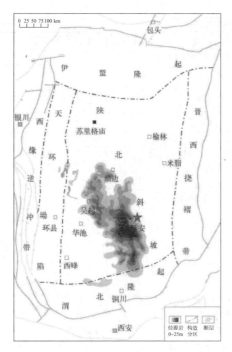

图2-77　鄂尔多斯盆地延长组长9油层组油页岩分布图(据董丽红等,2014)

2)WL地区长7油层组暗色泥岩

WL地区长7油层组主要为浅湖相和三角洲沉积,其次为半深湖沉积,深湖沉积不发育。表现在长7油层组暗色泥岩厚度较薄,岩性变粗,生油岩质量变差。其中,连续厚度最大的依然是张家滩黑色页岩,长7油层组烃源岩的厚度基本在15m左右,个别区域厚度可达25m,厚度较大区域主要集中在该区北部N174井-W3井一带和东南部W78井-W51井一带,分布相对集中,分布范围较大,厚度呈现北西-南东向展布的特点(图2-78)。

3)WL地区长9油层组暗色泥岩

区长9[1]期主要为半深湖-深湖沉积。表现在长9油层组暗色泥岩厚度较薄。其中,连续厚度最大的是"李家畔黑色页岩",长9油层组烃源岩厚度相对长7油层组烃源岩较小,厚度一般在5m以上,一些区域烃源岩厚度可达10m以上,厚度较大的区域主要集中在该区东北部N174井一带和西南部N115井一带,分布较零散,厚度呈现北西-南东向展布的特点,烃源岩分布范围小于长7油层组烃源岩(图2-79)。

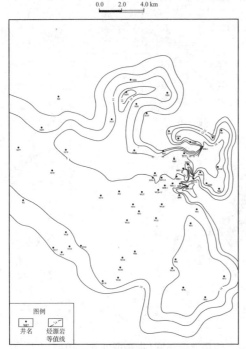

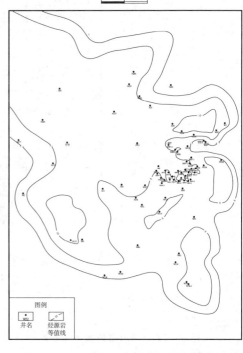

图2-78 WL地区延长组长7油层组
烃源岩厚度图

图2-79 WL地区延长组长0烃源岩厚度图

2. 烃源岩有机质丰度

评价烃源岩有机质丰度，有机碳含量（TOC）是最直接、最可靠的指标；游离烃、热解烃、生烃潜量、氯仿沥青"A"的含量等也可以反映烃源岩有机质丰度；氢指数则是反映有机质类型的较好指标。有关鄂尔多斯盆地延长组长7油层组和长9油层组有机质丰度方面，前人已做过较多研究。白玉彬等（2012）研究认为，鄂尔多斯盆地延长组长7油层组暗色泥岩有机碳质量分数为2%~5%，氯仿沥青"A"质量分数为0.3%~0.5%，总烃质量分数（HC）为（1833~3503）×10^{-6}；而张文正等（2006）研究认为，鄂尔多斯盆地延长组长7油层组优质烃源岩残余有机碳质量分数主要分布在6%~14%之间，最高可达30%~40%。鄂尔多斯盆地不同地区长7油层组有机质丰度变化很大，盆地西南部的西峰地区里38井长7油页岩TOC质量分数分布在2.87%~24.86%之间，平均为14.03%，氯仿沥青"A"质量分数分布在0.4828%~1.0315%之间，平均为0.7855%（白玉彬等，2012）；而鄂尔多斯盆地东部蟠龙地区实测TOC质量分数分布在0.69%~5.24%之间，平均为3.32%，氯仿沥青"A"质量分数分布在0.2162%~0.4916%之间，平均为 0.3906%（白玉彬等，2012）。王香增等（2014）研究认为，鄂尔多斯盆地伊陕斜坡南部下寺湾地区长 7 段页岩总有机碳含量为 0.46% ~25.46%，主频为 2% ~4%，92% 的样品总有机碳含量大于 2%，氯仿沥青"A"峰值含量为 0.10% ~1.72%，其中，77.3% 的样品大于 0.50%。王永炜等（2019）研究认为，鄂尔多斯盆地南部延长组长 7 油层组泥页岩有机碳含量变化范围大，主要变化在 0.14% ~13.3% 之间，峰值为 3% ~6%，平均为 4.7%；氯仿沥青"A"值主要集中在 0% ~0.1% 与 0.4% ~0.7% 之间，均值为 0.52%。从平面分布来看，有机质丰度的总体变化趋势为湖盆中心有机质丰度高，而向湖盆边部有机质丰度降低，参考陆相烃源岩有机质丰度评价标准（表 2-14），其均达到很好的烃源岩标准。WL 地区位于鄂尔多斯盆地伊陕斜坡东南部，其长 7 油层组烃源岩也应为很好烃源岩。

表 2-14　陆相烃源岩有机质丰度评价指标

指标	盆湖水体类型	非生油岩	生油岩类型			
			差	中等	好	很好
TOC/%	淡水 - 半咸水	<0.4	0.4 ~0.6	>0.6 ~1.0	>1.0 ~2.0	>2.0
	咸水 - 超咸水	<0.2	0.2 ~0.4	>0.6 ~0.6	>0.6 ~0.8	>0.8
氯仿沥青"A"/%	—	<0.015	0.015 ~0.050	>0.050 ~0.100	>0.100 ~0.200	>0.200
HC/10^{-6}	—	<100	100 ~200	>200 ~500	>500 ~1000	>1000
$(S_1 + S_2)/$（mg/g）	—	—	<2	2 ~6	>6 ~20	>20

注：表中评价指标适用于烃源岩（生油岩）成熟度较低（R_o = 0.5% ~0.7%）阶段的评价，当烃源岩热演化程度高时，由于油气大量排出或排烃程度不同，表内有机质丰度指标失真，应进行恢复后评价。

鄂尔多斯盆地东南部下寺湾地区长 9 段页岩的有机碳含量为 0.33% ~25.90%，73.5% 的样品总有机碳含量大于 2%，呈"双峰"式分布，主频分别为 1% ~4%、5% ~8%（王香增等，2014）。鄂尔多斯盆地东南部杏子川油田长 9 烃源岩 TOC 为 1.07% ~5.45%，平均为 3.05%；$S_1 + S_2$ 为 2.40 ~20.95mg/g，平均为 11.12mg/g；氯仿沥青"A"含量为 0.132% ~2.472%，平均为 0.420%；HC 为 (666.0 ~8748.4)$\times 10^{-6}$，平均为 1929.3$\times 10^{-6}$（白玉彬等，2013）。WL 地区位于鄂尔多斯盆地东南部下寺湾地区和杏子川油田近中间位置，且长 9 油层组烃源岩厚度差别不大，其长 9 油层组烃源岩的发育特征与两个地区具有相似性。因此，参考陆相烃源岩有机质丰度评价标准表 2-14，通过对比可知该区长 9 暗色泥岩总体达到最好烃源岩标准。

3. 有机质类型

有机质类型是衡量有机质生烃演化属性的度量标志。烃源岩中有机质的显微组分和化学结构的差别与其成因类型有密切关联。有机质中的主要元素为 C、H、O，其中，烃源岩的生排烃过程主要是其有机质富氢去氧的过程。有机质类型的参数值主要反映原始有机质的沉积环境特征、母质来源、热演化特征等属性，依据岩石热解参数、素分析、族组成等对烃源岩有机质类型进行研究。通过统计来自不同含油气盆地的各类烃源岩的分析化验数据，依据表中各项参数划分烃源岩的有机质类型，可利用不同的方法对采集样品的有机质类型进行初步划分。

1) 干酪根镜检特征

干酪根镜检是确定有机质类型的重要手段之一。表 2 – 15 为根据干酪根元素组成和镜检特征划分陆相烃源岩有机质类型的一般标准。

表 2 – 15　陆相烃源岩有机质类型的干酪根元素和镜检划分标准 (据 SY/T 5735—1995)

项目			I 型 （腐泥型）	II 型		III 型 （腐殖型）
				II₁（腐殖～腐泥型）	II₂（腐泥～腐殖型）	
干酪根	元素分析	H/C	>1.5	1.5 ~ 1.2	<1.2 ~ 0.8	<0.8
		O/C	<0.1	0.1 ~ 0.2	>0.2 ~ 0.3	>0.3
	镜检	壳质组含量/%	>70 ~ 90	70 ~ 50	<50 ~ 10	<10
		镜质组含量/%	<10	10 ~ 20	>20 ~ 70	>70 ~ 90
		T_i	>80 ~ 100	80 ~ 40	<40 ~ 0	<0

根据干酪根有机显微组分组成特征，利用有机质类型指数（T_i）计算公式计算出烃源岩有机质类型系数，再根据类型系数来划分有机质类型。

类型系数的计算公式为：

$$T_i = (100a + 50b - 75c - 100d) /100$$

式中，a 为腐泥组含量,%；b 为壳质组含量,%；c 为镜质体含量,%；d 为惰性组含量,%。

根据类型系数大小，干酪根类型划分为：

I 型：$T_i > 80$；II₁ 型：$T_i = 40 ~ 80$；II₂ 型：$T_i = 0 ~ 40$；III 型：$T_i < 0$。

通过上述公式计算，鄂尔多斯盆地东南部长 7 油层组烃源岩有机质类型较好，普遍属Ⅱ型有机质，以Ⅱ₁型有机质为主，有机物来源以陆生植物为主，此类干酪根是生油岩中最常见的一种类型（张文正等，2006，2015；王香增等，2014；王永炜等，2019）。鄂尔多斯盆地东南部长9油层组烃源岩有机质类型较好，普遍属于Ⅱ型有机质，以Ⅱ₁型有机质为主，Ⅱ₂型有机质次之；特别是李家畔页岩，以Ⅱ₁型有机质为主，具有较强的生油能力（白玉彬等，2013；王香增等，2014）。因此，从干酪根镜检方面可知，WL地区长7油层组和长9油层组烃源岩普遍属于Ⅱ型有机质，以Ⅱ₁型有机质为主。

2）热解参数特征

烃源岩的氢指数（IH）、降解率（D）、生烃潜量（$S_1 + S_2$）等热解参数同样是划分有机质类型的重要依据。表2-14为根据热解参数划分陆相烃源岩有机质类型的一般标准。

图2-80为鄂尔多斯盆地东南部下寺湾地区长7油层组和长9油层组烃源岩的四分法范式图解，图中，长7油层组烃源岩样品主要落入Ⅱ₁区域，少量为Ⅲ型；长9油层组烃源岩同样主要落入Ⅱ₁区域，少量为Ⅱ₂型。

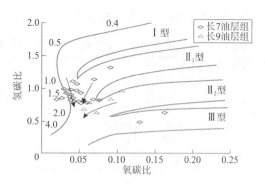

图2-80　下寺湾地区长7油层组、长9油层组页岩干酪根元素分析范式图解（王香增等，2014）

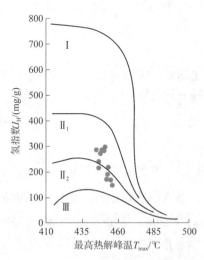

图2-81　杏子川地区延长组长9烃源岩 I_H 与 T_{max} 关系图（白玉彬等，2013）

杏子川地区长9油层组烃源岩样品主要为Ⅱ₁和Ⅱ₂干酪根类型，以Ⅱ₁型有机质为主，Ⅱ₂型有机质次之，这与干酪根镜检分析的结果相近（白玉彬等，2013；图2-81）。烃源岩生油潜能较高，是良好的生油母质。因此，对比可知，WL地区长7油层组和长9油层组烃源岩为以Ⅱ₁为主、Ⅱ₂型次之的有机质类型。

4. 烃源岩成熟度

烃源岩中含有丰富有机质且有机质类型均较好的条件下，其沉积埋藏达到一定的深度，也就是有机质进入成熟或高成熟状态后，有机质可以大量生成油气，并从生油岩中排驱进入储层，进一步在合适的圈闭中聚集形成油气藏。

T_{max}法、R_o法是常规的烃源岩成熟度评价指标。其中，T_{max}是在岩石热解分析过程中，干酪根样品达到最大生烃率时的温度。根据长庆油田公司研究院研究，鄂尔多斯盆地三叠系延长组底部烃源岩除盆地南北边缘局部地区尚未成熟外，盆地内部普遍已进入成熟阶段，并具有成熟度中南部高，南、北部低的特点。中南部的吴旗-志丹-延安-甘泉-富县-庆阳-华池一带延长组底部烃源岩成熟度最高，R_o达1.00%~1.14%。由此向南向北，烃源岩成熟度逐渐降低。表2-16为不同类型的干酪根成熟热解峰值温度T_{max}与R_o的范围。

表2-16　不同类型的干酪根成熟热解温T_{max}与R_o的关系

成熟度指标		未成熟	生油	凝析油	湿气	干气
R_o/%		<0.5	0.5~1.3	1.0~1.5	1.3~2	>2
T_{max}	I类	<437	437~460	450~465	460~490	>490
	II类	<435	435~455	447~460	455~490	>490
	III类	<432	432~460	445~470	460~505	>505

II型有机质成熟阶段T_{max}为435~455℃（郝立言等，1986），且根据长7油层组和长9油层组烃源岩13块样品的T_{max}值统计，全部分布在445~456℃，平均为450℃。因此，通过对比认为，该区长7油层组和长9油层组烃源岩均可达到成熟阶段。

二、盖层及成藏组合评价

盖层是指位于储层之上，能够阻止油气向上运移的不渗透岩层。盖层条件对油气藏的形成起着至关重要的作用，尤其是区域盖层的作用更为重要。盖层的形成在时间上与水进期或沉积物供应减少期相对应，在空间上与沉积中心密切相关。

根据上述长2~长8各时期沉积相的研究可知，长7³时期为鄂尔多斯盆地内陆湖盆的湖侵时期，其半深湖-深湖亚相发育，形成厚度稳定分布的区域性泥岩盖层，WL地区长7³发育泥岩盖层厚度普遍为20~30m，局部为10~20m（N284井处、N172井处、W99井-W80井-W126-11井一带、N240井-W42井-W130井一带和W78-4井处），局部较厚处为30~35m（W62-8井处），具体的盖层厚度大小分布见图2-82。

长 8 油层组、长 6 油层组、长 4 + 5 油层组发育三角洲前缘亚相中的分流间湾泥岩,长 2 油层组发育三角洲平原微相中的分流河道间泥岩。其中,长 4 + 5^{1}发育的分流间湾泥岩相对发育,可形成局部盖层(图 2 – 83)。

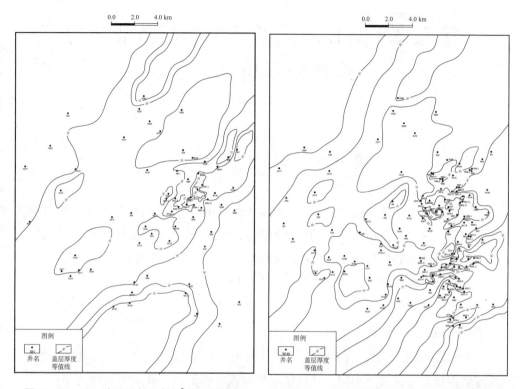

图 2 – 82　WL 地区延长组长 7^{3}盖层厚度图　　　**图 2 – 83　WL 地区延长组长 4 + 5^{1}盖层厚度图**

　　通过 WL 地区生储盖层的识别及其配置关系的研究,认为区内延长组自下而上可以分为 3 个成藏组合:长 9 油层组、长 8 油层组、长 7 油层组下部组合,长 7 油层组、长 6 油层组、长 4 + 5 油层组中部组合,长 3 油层组和长 2 油层组上部组合。下部组合主要为下生上储(长 9 油层组为生油岩,长 8 油层组为储层)和上生下储(长 7 油层组为生油岩,长 8 油层组为储层);中部组合主要为自生自储(长 7 油层组既为生油岩,又为储层)和下生上储(长 7 油层组为生油岩,长 6 油层组、长 4 + 5 油层组为储层);上部组合主要为下生上储(长 7 油层组为生油岩,长 3 油层组、长 2 油层组为储层)。不同成藏组合在成藏条件上表现出不同程度的差异。

第三章　WL 地区延长组多层系油藏的差异分布特征

第一节　储层"四性"关系

"四性"关系指储层岩性、物性、含气性与电性之间互相联系的内在规律。这四者中，含气性是储层评价的最终目的和核心；岩石性质是储层评价的基础；物性是代表储层储集性能和气体产出能力的参数；电性是研究的手段，它既是前三者的综合反映，又可以用于确定前三者，因此是研究的主要对象，只有认清各种岩性在电测曲线上的反应，才能正确地认识它的物性和含气性，才能与电性特征进行有机结合，正确地进行气层判断。

WL 地区地层岩性主要为砂泥岩，纵向上岩性粗细和矿物组成的差异，使其地球物理性质往往各不相同。并且储层具有低－特低孔、低－特低渗的特点，储层物性的控制因素复杂，在测井响应上具有生产能力的低孔隙度储层和无效层之间的差异有时很小，解释难度较大。因此，在储层评价中，"四性"关系研究尤为重要，只有摸清"四性"之间的变化规律，立足测井反映储层物性的全貌，才能对储层电测曲线中的诸多现象做出深入的认识，达到评价含油性好坏的目的。

一、岩性与电性关系

测井曲线形态的变化能直接反映岩性的变化。该区各井钻井取心和岩屑录井结果表明，钻遇的地层主要是碎屑岩，砂岩以长石砂岩为主；其他岩性主要是泥岩。纵向上，岩性类别和矿物成分的差异，使其测井曲线形态具有不同的特征。

1. 砂岩

长 2 油层组砂岩自然伽马为负异常，多在 30 ~ 80API 之间，自然伽马的高低变化反映了泥质含量的变化，自然电位具有高幅度的自然电位负异常，深感应电阻率多在 12 ~ 30Ω·m,声波时差值一般大于 238μs/m,中高电阻率。含油砂岩深感应电阻率较高,一般大于 15Ω·m。

长 4 + 5 油层组和长 6 油层组砂岩自然伽马为负异常,多在 35 ~ 90API 之间,自然伽马的高低变化反映了泥质含量的变化,自然电位具有高幅度的自然电位负异常,深感应电阻率多在 12.5 ~ 40Ω·m,声波时差一般大于 220μs/m,中高电阻率。含油砂岩深感应电阻率较高,一般大于 16Ω·m。

长 8 油层组砂岩自然伽马为负异常,多在 45 ~ 90API 之间,自然伽马的高低变化反映了泥质含量的变化,自然电位具有高幅度的自然电位负异常,深感应电阻率多在 40 ~ 90Ω·m,声波时差值一般大于 220μs/m,中高电阻率。含油砂岩深感应电阻率较高,一般大于 22Ω·m。

2. 泥岩

长 2 油层组泥岩自然伽马值多在 90 ~ 200API 之间,纯泥岩自然伽马值大于 150API,在不考虑放射性物质(如钾长石)影响的情况下,自然伽马的高低变化反映了泥质含量的变化,自然电位为相对高值,较低电阻率。测井曲线整体表现为高自然伽马、高自然电位幅度、微电极无幅度差异或差异幅度较小,并且有电阻率相对偏低和高声波时差的特征,有的泥岩层往往还出现井径扩大现象。

长 4 + 5 油层组和长 6 油层组泥岩自然伽马值多在 100 ~ 180API 之间,纯泥岩自然伽马值大于 140API,自然伽马的高低变化反映了泥质含量的变化,自然电位为相对高值,较低电阻率。测井曲线整体表现为高自然伽马、高自然电位幅度、微电极无幅度差异或差异幅度较小,并且有电阻率相对偏低和高声波时差值的特征,有的泥岩层往往还出现井径扩大现象。

长 8 油层组泥岩自然伽马值多在 90 ~ 180API 之间,纯泥岩自然伽马大于 150API,自然伽马的高低变化反映了泥质含量的变化,自然电位为相对高值,较低电阻率。测井曲线整体表现为高自然伽马、高自然电位幅度、微电极无幅度差异或差异幅度较小,并且有电阻率相对偏低和高声波时差值的特征,有的泥岩层往往还出现井径扩大现象。

二、物性与电性关系

储层的电性主要指通过测井获得的各种反映地下地质情况的测井信息来确定,电性与物性的关系分析是利用测井资料与储层各参数间的内在规律性来检验测井信息的精度,只有二者间有良好的对应关系,最终所建立的测井解释模型可信度才高。电测曲线对储集性能的反映，主要表现在自然电位及声波时差上。孔渗性相对较好的储层，自然电位曲线上反映出较明显的负异常幅度以及相对较高的声波时差。该区长2油层组储层的声波时差值一般大于238μs/m，长4+5油层组和长6油层组储层的声波时差值一般大于220μs/m，长8油层组储层的声波时差值一般大于220μs/m。物性较好的储层在电性上的表现主要是呈箱状或钟状的自然伽马低值曲线；自然电位呈负异常，曲线呈钟状；低声波时差。

三、含油性与电性关系

该区储层非均质性强，且渗透性较好的储层段一般含油性较好。而且，含油层的曲线特征比较明显，油、水层的特征总体易于识别。

根据"四性"关系图可知，深感应电阻率值基本反映了油层的含油情况，同时受岩性影响，因此，对于有深感应电阻率测井曲线的井，结合两条曲线，能更加真实地反映油层情况。油层电阻率幅度大，含油段的储层电阻率是水层电阻率的1.5~2倍。

根据储层"四性"关系图(图3-1~图3-3)，利用测井曲线首先识别渗透层，其次，在上述基础上识别含油层、水层。

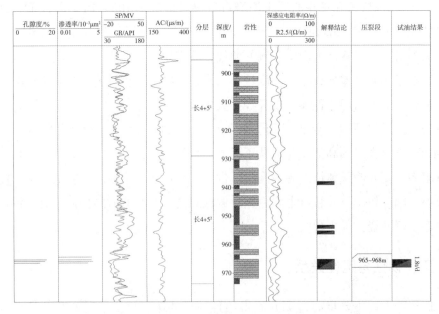

图3-1　WL地区长4+5油层组"四性"关系图(N197井)

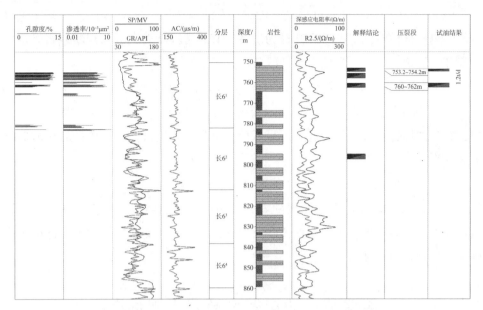

图 3-2　WL 地区长 6 油层组"四性"关系图(XT55 井)

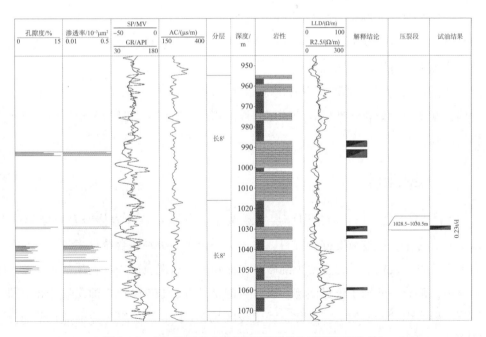

图 3-3　WL 地区长 8 油层组"四性"关系图(N139 井)

该区储层的测井曲线特征为:

(1)自然伽马曲线能很好地反映地层的岩性。砂岩愈纯,粒级愈粗,自然伽马值愈低;泥质含量高,岩石颗粒细,自然伽马值高,纯泥岩伽马值最高。

（2）自然电位曲线能较好地划分渗透层和非渗透层，根据"四性"关系图可以看出，自然电位对储层的渗透性最为敏感，其异常幅度大小可以判断砂岩渗透性的好坏。渗透性愈好，自然电位曲线负异常幅度愈大。

（3）微电位和微梯度两条电极曲线的幅度差，可以反映渗透层。

（4）声波时差曲线能较好地反映储集层的孔隙性。一般而言，储层的物性好，其含油性也较好。致密层声波呈低值，电阻率呈高值。渗透性砂岩声波曲线形态平直。

（5）感应曲线，含油层电阻率值明显高于水层。

（6）4m、2.5m 视电阻率曲线随着含油量的增加电阻率值增大。井径有时也能很好地反映砂泥岩。视电阻率值在反映含油性的同时受岩性影响大，深电阻率则能较好地反映含油情况。

第二节　油层综合解释下限标准

油层下限值的确定是以试油资料为依据，以岩心分析资料为基础，进行地质、录井、地球物理测井等资料的综合研究，来确定适应研究区油层的岩性、物性、含油性和电性的下限标准。

在上述"四性"关系研究中肯定了储油层的岩性、物性和含油性之间有一定的内在联系，一般含油性较好的油层岩性较粗、分选好、物性也较好，含油级别相对较高。

一、岩性标准

WL 地区长 2～长 8 油层组储层主要为中 - 细粒长石砂岩，砂岩粒度偏细，以细砂岩为主。通过粒度分析资料、薄片资料及含油级别综合统计发现，含油性为油斑及以上级别的砂岩主要为细砂岩，而粉砂岩与泥质砂岩、钙质砂岩一般均不含油，部分粉砂岩中仅见油迹。该区压裂试油井，长 2～长 8 油层组产出工业油流一般为细砂岩级以上。因此，确定该区长 2～长 8 油层组工业油流层岩性下限均为细砂岩。

二、含油产状

WL 地区已获工业油流井承压段长 2～长 8 油层组岩心含油产状为油斑级及

其以上，油迹、荧光层试油结果为水层。因此，确定该区长 2 ~ 长 8 油层组含油级别下限为油斑级。

三、物性下限

根据长 2 油层组、长 4 + 5 油层组、长 6 油层组和长 8 油层组物性资料、孔隙度的测井解释及压裂段的声波时差和产量等资料，确定长 2 油层组孔隙度下限为 12.5%，长 4 + 5 油层组和长 6 油层组孔隙度下限为 8.0%，长 8 油层组孔隙度下限为 5.7%。通过前述确定的孔隙度与渗透率的关系式，确定长 2 油层组渗透率下限为 $1.2 \times 10^{-3} \mu m^2$，长 4 + 5 油层组和长 6 油层组渗透率下限为 $0.2 \times 10^{-3} \mu m^2$，长 8 油层组渗透率下限为 $0.14 \times 10^{-3} \mu m^2$（表 3 - 1）。

表 3 - 1　WL 地区长 2 ~ 长 8 油层厚度下限值一览表

层位	岩性	物性		岩心含油级别	电性		
		孔隙度/%	渗透率/$10^{-3} \mu m^2$		声波时差/($\mu s/m$)	电阻率/($\Omega \cdot m$)	含油饱和度/%
长 2	细砂岩以上	≥12.5	≥1.2	油斑级以上	≥238	≥15	≥40
长 4 + 5、长 6	细砂岩以上	≥8.0	≥0.2	油斑级以上	≥220	≥16	≥40
长 8	细砂岩以上	≥5.7	≥0.14	油斑级以上	≥220	≥25	≥35

通过声波时差与孔隙度以及孔隙度和渗透率的关系求得 WL 地区长 2 油层组、长 4 + 5 油层组、长 6 油层组和长 8 油层组的解释孔隙度和渗透率，并编制了孔隙度和渗透率的平面分布图。

四、油层测井参数下限标准

测井参数下限是根据区内单层测试成果和现有测井系列中与岩性、物性、含油性对应较好层段的声波时差、视电阻率、测井解释孔隙度与含水饱和度构成的关系图版得出的。

用该区长 2 ~ 长 8 油层组试油或测井、取心等判识的资料，建立电阻与含油饱和度交会图、声波时差与电阻交会图。从交会图可知，长 2 油层组电阻率 ≥ $15\Omega \cdot m$，声波时差 ≥ $238\mu s/m$，含油饱和度 ≥ 40%（图 3 - 4、图 3 - 5、表 3 - 1）；长 4 + 5 油层组和长 6 油层组电阻率 ≥ $16\Omega \cdot m$，声波时差 ≥ $220\mu s/m$，含油饱和度 ≥ 40%（图 3 - 6、图 3 - 7、表 3 - 1）；长 8 油层组电阻率 ≥ $25\Omega \cdot m$，声波时差≥220μs/m，含油饱和度≥35%（图3-8、图3-9、表3-1）。

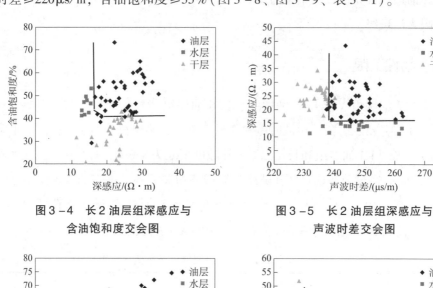

图3-4　长2油层组深感应与
含油饱和度交会图

图3-5　长2油层组深感应与
声波时差交会图

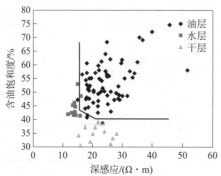

图3-6　长4+5油层组、长6油层组
深感应与含油饱和度交会图

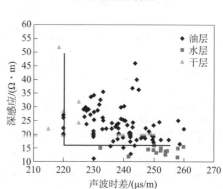

图3-7　长4+5油层组、长6油层组
深感应与声波时差交会图

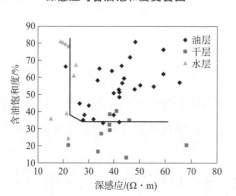

图3-8　长8油层组深感应与
含油饱和度交会图

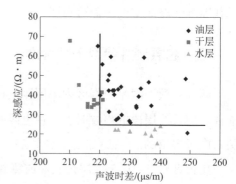

图3-9　长8油层组深感应与声波时差交会图

油层厚度具体划分时以储层物性及测井参数下限为主，并参考地质录井、化验分析及邻近井的试（采）油资料综合分析确定。其顶、底界依据测井曲线特征点(如声波时差曲线的变化拐点)，参考视电阻率曲线的极大值(或极小值)点、自然电位的半幅点及微电极差异变化等综合考虑以确定。

油层内部常夹有泥质岩或致密岩性，它们在储层中对提供工业油流不起作用，应在油层厚度中予以扣除。泥质夹层：在剖面中这类夹层比较多。这类夹层在电测曲线上表现为微电极电阻低值、无明显幅度差，电阻率曲线出现低凹，自然电位和自然伽马曲线出现异常幅度回返。物性夹层：反映在电测曲线上低于有效厚度标准，微电阻率曲线接近重合，说明储层物性差，岩性致密。钙质夹层：反映在测井曲线上，电阻率表现为高值，微电极显示高峰刺刀状，自然电位回返，声波时差比邻层降低。

第三节 油层分布特征

根据 WL 地区 278 口井油层的综合评价结果，编制了长 8^2、长 8^1、长 6^1、长 $4+5^2$ 和长 2^1 地层单元的油层厚度等值线图，其分布见图 3−10~图 3−14。并对各地层单元中各个区块油层的分布面积、分布范围等进行了统计，具体见表 3−2~表 3−6。

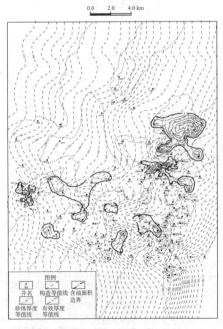

图 3−10　WL 地区延长组长 2^1
油层厚度平面分布图

图 3−11　WL 地区延长组长 $4+5^2$
油层厚度平面分布图

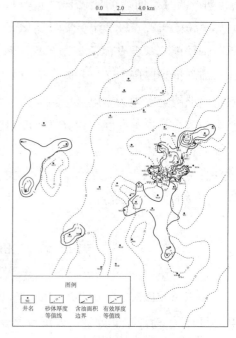

图3–12　WL地区延长组长6¹
油层厚度平面分布图

图3–13　WL地区延长组长8¹
油层厚度平面分布图

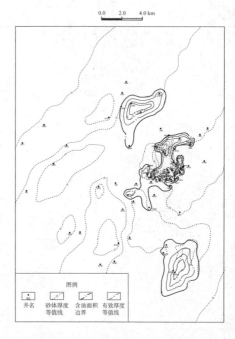

图3–14　WL地区延长组长8²油层厚度平面分布图

表 3-2　WL 地区长 2^1 油层厚度统计表

层位	区块	含油面积/km²	井数	分布范围/m
长 2^1	X41	9.49	12	2.1~4.6
	W123	0.86	2	2.1~3.7
	W2	1.81	12	2.1~5.9
	W86	1.85	2	2.3~4.4
	3042	0.28	4	2.3~4.9
	W95	4.93	28	2.1~9.6
	W109	13.16	8	2.3~13.7
	N117	1.73	2	2.1~4.1

表 3-3　WL 地区长 $4+5^2$ 油层厚度统计表

层位	区块	含油面积/km²	井数	分布范围/m
长 $4+5^2$	W3	4.44	6	2.1~4.6
	N139	65.74	130	2.0~16.8
	N127	9.72	5	3.0~6.1

表 3-4　WL 地区长 6^1 油层厚度统计表

层位	区块	含油面积/km²	井数	分布范围/m
长 6^1	N173	9.86	6	3.0~7.8
	N139	12.30	7	2.4~9.9
	X64	65.98	132	2.1~12.1

表 3-5　WL 地区长 8^1 油层厚度统计表

层位	区块	含油面积/km²	井数	分布范围/m
长 8^1	W2	10.23	3	2.8~6.6
	X63	2.72	2	4.8~4.8
	W3	27.80	51	2.2~7.5

表 3-6　WL 地区长 8^2 油层厚度统计表

层位	区块	含油面积/km²	井数	分布范围/m
长 8^2	N292	11.65	4	3.1~8.5
	W87	16.42	53	2.1~10.7
	W42	15.11	3	3.2~9.8

第四章　WL地区延长组多层系油藏差异富集的主控因素及其控藏界限

油藏的形成和分布实际上是各种成藏要素耦合的结果，但各种成藏要素在不同地区其作用往往有所不同。结合前人对鄂尔多斯盆地延长组长2~长8油层组的控制因素分析及WL地区的实际地质特点，通过对该区长2~长8油层组油藏的烃源岩、构造、砂体厚度等与油气分布的相关性研究，可以分析长2~长8油层组油藏的主要控制因素。

第一节　烃源岩

烃源岩是油气成藏的重要控制因素之一，油气生成的有机成因论认为，烃源岩是形成油气聚集的物质基础，并且在很大程度上控制着油气的分布，即"源控论"。随后，学者进一步认识到，不同凹陷之间在烃源岩质量和油气资源方面存在显著差异，相继提出了"富生烃凹陷"（龚再升，1997）、"富油气凹陷"（袁选俊，2002）的概念，赵文智等（2004）在深化认识"富油气凹陷"的油气分布特征，总结勘探经验的基础上，又提出了"满凹含油"论。上述研究均强调了优质烃源岩在石油聚集中的重要作用。

长2~长8油层组油藏位于鄂尔多斯盆地延长组，主要发育两套主力烃源岩，分别分布在长7油层组和长9油层组（周进高等，2008）。鄂尔多斯盆地延长组长7期沉积的暗色泥岩是盆地主要的烃源岩，具有厚度大、分布广、有机质丰富、有机质类型好、成熟度高等特点（付金华等，2013）。其平面展布呈北西-南东向，厚度大的区域主要分布于盆地西部定边-吴起地区、中南部志丹-安塞南地区及西南部合水-正宁地区，呈西薄东厚、北薄南厚的分布特征（张文正等，2006）。由于低渗透致密砂岩储层喉道细小，毛细管阻力较大，油-水重力分异困难，石油运聚需要足够的动力和富烃流体，而大范围发育的长7油层组优质烃源层不仅起到主力烃源岩的作用，而且由于其高有机质丰度形成的高生排烃强度，使其能够提供低渗透致密砂岩储层石油大规模运聚成藏所需的强大动力和大规模的富烃流体。长7油层组优质烃源层既是石油聚集的主要物质源，又是关键的动力源，在鄂尔多斯盆地中生界低渗透富油储层的形成中发挥着关键作用[杨华等，2013，图4-1(a)、图4-2]。

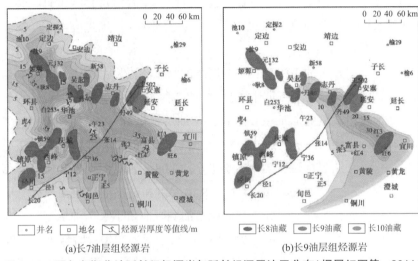

(a)长7油层组烃源岩   (b)长9油层组烃源岩

图4-1 鄂尔多斯盆地延长组烃源岩与延长组深层油田分布(据屈红军等，2011)

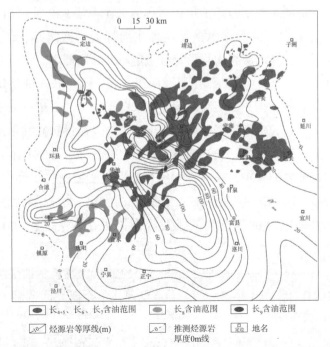

图4-2 鄂尔多斯盆地延长组长7油层组烃源岩与延长组油田分布(据赵靖舟等，2012)

长 9 油层组烃源岩是晚三叠世湖盆初次湖泛作用形成的暗色泥页岩，是鄂尔多斯盆地第二套优质烃源岩，其热演化程度与长 7 油层组优质烃源岩接近，也已达到生油高峰期(白玉彬等，2013)。长 9 油层组烃源岩主要发育在浅湖 - 半深湖环境，干酪根类型以腐泥型(Ⅰ型)和混合型(Ⅱ₁型)为主，其母质性质与长 7 油层组优质烃源岩具有明显的相似性，生物来源均以藻类为主。长 9 油层组烃源岩分布范围相比于长 7 油层组烃源岩而言较为局限，主要沿富县 - 志丹 - 吴起一带分布，在延长组下组合油藏成藏过程中发挥着重要作用[周进高等，2008；屈红军等，2011；图 4 - 1(b)]。

延长组中上组合石油来源于长 7 油层组的张家滩页岩；对于长 8 油层组、长 9 油层组油藏的油源问题，目前有争议，主要有 4 种观点。部分学者认为长 8 油层组和长 9 油层组油藏的原油主要来自长 7 油层组烃源岩(吴保祥等，2008；王传远等，2009；张晓丽等，2011)；也有学者认为长 8 油层组和长 9 油层组油藏原油主要来自长 9 油层组烃源岩(周进高等，2008；胡友洲等，2010；李相博等2012)；第三种观点认为除志丹地区的长 8 油层组和长 9 油层组油藏外，鄂尔多斯盆地其他地区的长 8 油层组和长 9 油层组油藏原油来于长 7 油层组、长 9 油层组烃源岩(张文正等，2008；段毅等，2009；杨华等，2010；时保宏等，2013)。第四种观点认为长 8 油层组的原油在鄂尔多斯盆地西部来源于长 7 油层组烃源岩，在东部及南部既来源于长 7 油层组烃源岩又来源于长 9 油层组烃源岩(王香增等，2013)。WL 地区位于鄂尔多斯盆地东南部，根据测井、钻井资料可知，该区长 7 油层组和长 9 油层组内均发育有一定厚度的烃源岩。结合前人的研究成果可知，该区上组合长 2 ~ 长 3 油层组及中组合长4 +5 ~ 长 6 油层组的原油来源于长 7 油层组烃源岩，长 8 油层组的原油既来源于长 7 油层组也来源于长 9 油层组烃源岩，主要来自长 7 油层组烃源岩的贡献。前人通过研究鄂尔多斯盆地延长组油气富集的主控因素认为，长 7 油层组烃源岩控制鄂尔多斯盆地延长组长 8 及长 8 以上油层组油藏的分布，长 9 油层组烃源岩主要控制长 9 油层组和长 10 油层组油藏的分布。因此，分布面积广、有机质丰度高、类型好和成熟度高的烃源岩是控制鄂尔多斯盆地油气富集的重要控制因素(赵靖舟等，2012；白玉彬，2012；魏登峰等，2015；张凤奇等，2016)。

通过 WL 地区长 7 油层组烃源岩长 8 油层组油藏以及长 9 油层组烃源岩和长 8 油层组油藏的叠合图(图 4 - 3 ~ 图 4 - 6)发现，整个研究区范围内，烃源岩较

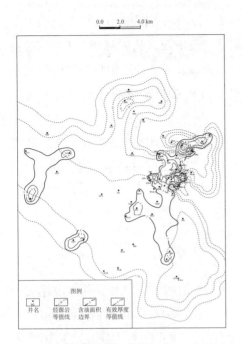

图 4-3 WL 地区延长组长 7 油层组烃源岩与
长 8^1 亚组含油面积叠合图

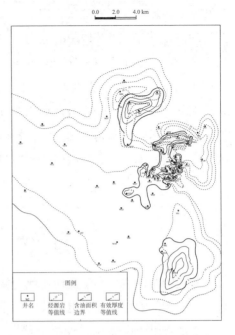

图 4-4 WL 地区延长组长 7 油层组烃源岩与
长 8^2 亚组含油面积叠合图

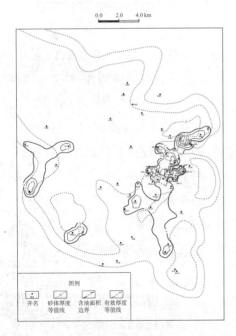

图 4-5 WL 地区延长组长 9 油层组烃源岩与
长 8^1 亚组含油面积叠合图

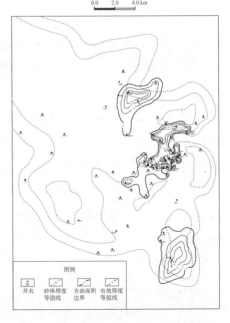

图 4-6 WL 地区延长组长 9 油层组烃源岩与
长 8^2 亚组含油面积叠合图

厚和较薄区域均发育有油气，但是烃源岩厚度的控藏的界限很小，长 7 油层组烃源岩的厚度介于 6.9 ~ 17.0m 之间，且在此厚度范围内，长 7^1 亚组、长 7^2 亚组、长 7^3 亚组、长 8^1 亚组和长 8^2 亚组油藏均有油气发现；长 9 油层组烃源岩的厚度介于 4.3 ~ 10.6m 之间，在此厚度范围内长 8^1 亚组和长 8^2 亚组油藏也均有油气发现。充分表明，油气分布与烃源岩厚度并没有较好的正相关性。

因此，尽管烃源岩是油藏的主控因素之一，但 WL 地区烃源岩控制油气分布的厚度下限较小，在有利区域预测时没有作为区内油气分布的主要控制因素（图 4 – 3 ~ 图 4 – 6）。

第二节 构造

前人研究认为，鄂尔多斯盆地中生界不同类型油藏在纵向上呈现出规律的分布。位于下部的长 8 油层组、长 6 油层组、长 4 + 5 油层组以岩性油藏为主；中部长 2 油层组为构造 – 岩性复合油藏；上部侏罗系延安组则主要发育构造油藏（武富礼等，2008）。低幅度构造的发育为陕北斜坡上油气的逸散或富集提供了必要条件，形成了相对的油气富集区及含水较高的含油水区（王建民等，2013；图 4 – 7）。

WL 地区整体属于西倾单斜的构造背景，局部发育有鼻状隆起。延长组长 2 油藏类型主要为构造 – 岩性油藏，长 4 + 5 ~ 长 8 油层组油藏类型主要为岩性油藏。

通过该区长 2 ~ 长 8 油层组各地层单元顶面构造图与含油面积图的叠合和分析（图 4 – 8 ~ 图 4 – 12）发现，长 2^1 亚组油藏的分布大部分位于鼻状隆起分布区，表明构造对长 2 油层组油藏的分布有一定的控制作用，认为构造是该区长 2 油层组油藏的主控因素之一（图 4 – 8）。长 4 + 5^2 亚组、长 6^1 亚组、长 8^1 亚组和长 8^2 亚组地层单元受构造控制的程度不强烈，构造控藏因素不明显，认为构造不是该区长 4 + 5^2 亚组、长 6^1 亚组、长 8^1 亚组和长 8^2 亚组地层单元油藏的主控因素（图 4 – 9 ~ 图 4 – 12）。

通过 WL 地区长 2 ~ 长 8 油层组油藏剖面图（图 4 – 13 ~ 图 4 – 15）可以看出，该区长 4 + 5 ~ 长 8 油层组油藏受构造控制不明显，为岩性油藏；长 2 油藏一定程度上受构造控制，主要为构造 – 岩性油藏。

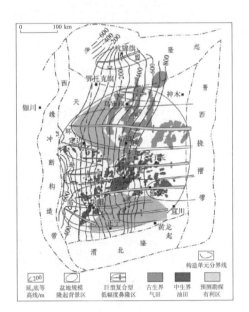

图4-7 鄂尔多斯盆地伊陕斜坡上的
构造特征与油气田分布(王建民等, 2013)

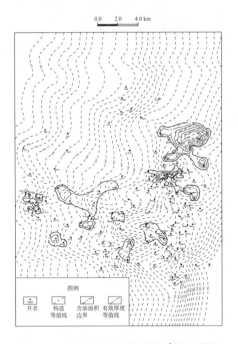

图4-8 WL地区延长组长2¹亚组顶面
构造和含油面积叠合图

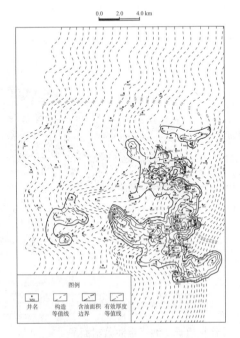

图4-9 WL地区延长组长4+5²亚组顶面
构造和含油面积叠合图

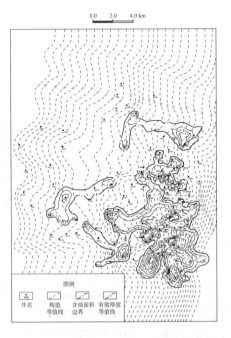

图4-10 WL地区延长组长6¹亚组顶面
构造和含油面积叠合图

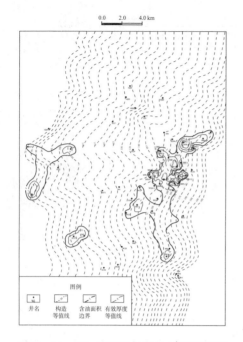

图4-11 WL地区延长组长8¹亚组顶面
构造和含油面积叠合图

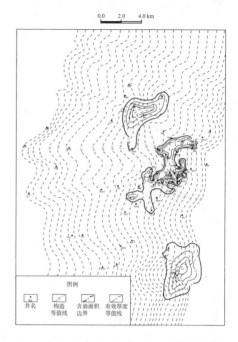

图4-12 WL地区延长组长8²亚组顶面
构造和含油面积叠合图

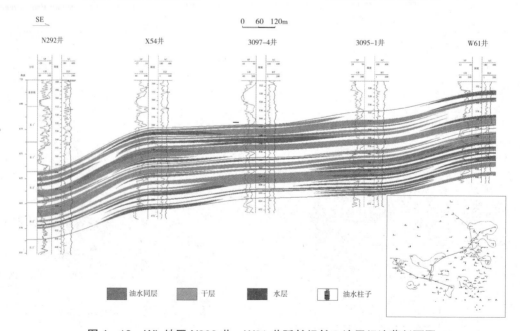

图4-13 WL地区N292井~W61井延长组长2油层组油藏剖面图

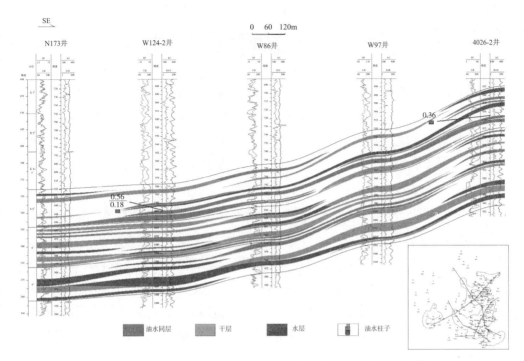

图 4 – 14 WL 地区 N173 井 ～ 4026 – 2 井延长组长 4 + 5 油层组油藏剖面图

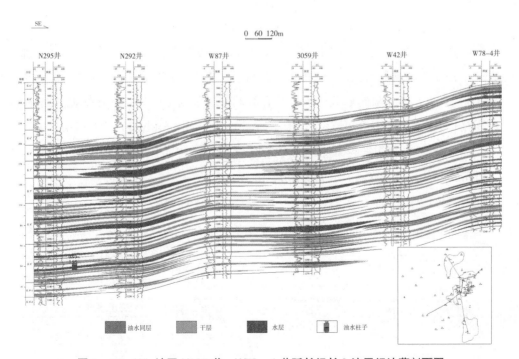

图 4 – 15 WL 地区 N295 井 ～ W78 – 4 井延长组长 8 油层组油藏剖面图

第三节　沉积相和沉积砂体

沉积相是控制油气聚集成藏的重要因素，储集层的发育与盆地沉积相关系甚密，良好的沉积相带有利于形成厚度大、物性好的储集砂体，储集砂体主体部位是油气富集的主要地区(于波等，2012)。

对长 8^2 亚组、长 8^1 亚组、长 6^1 亚组、长 $4+5^2$ 亚组和长 2^1 亚组油藏沉积相与含油面积叠合图(图 4-16~图 4-20)及砂体厚度图与含油面积叠合图(图 3-10~图 3-14)分析表明，沉积相和沉积砂体为长 2~长 8 油层组油藏的重要控制因素。WL 地区长 2~长 8 油层组发育的三角洲平原亚相分流河道砂体、三角洲前缘亚相水下分流河道沉积砂体和半深湖-深湖亚相中的浊积砂体是主要的储集体，为油气聚集的主要部位(图 4-16~图 4-20)。长 2 油藏除受构造控制之外，也受到沉积相和沉积砂体的重要控制(图 4-16)。通过对含油面积内砂体厚度分布情况的研究(表 4-1)发现，长 2~长 8 油层组各地层单元砂体厚度大于 15m 的区域比例超过了 90%。其中，长 8^2 亚组、长 2^2 亚组、长 2^1 亚组 75% 的油层都分布于砂体厚度大于 15m 的区域。可见，各地层单元砂体厚度控藏的界限厚度存在差异。综合长 2~长 8 油层组各地层单元砂体厚度的控藏概率统计，将延长组长 2^1 亚组、长 6^1 亚组、长 8^1 亚组和长 8^2 亚组内砂体分布界定为小于 15m、15~25m 和大于 25m 3 个区域，将长 $4+5^2$ 亚组内砂体分布界定为小于 15m、15~20m 和大于 20m 3 个区域，该界限的划分可为后续有利勘探区预测提供等级划分依据。因此，沉积相和沉积砂体是长 2~长 8 油层组的主要控制因素之一(图 4-16~图 4-20)。

表 4-1　WL 地区延长组目的层系不同砂体厚度区间的含油概率统计表

层位	含油面积/km^2	砂体厚度 <10m 的含油面积/km^2	砂体厚度 <10m 的含油面积所占比例/%	砂体厚度为 10~15m 的含油面积/km^2	砂体厚度为 10~15m 的含油面积所占比例/%	砂体厚度为 15~20m 的含油面积/km^2	砂体厚度为 15~20m 的含油面积所占比例/%	砂体厚度 >20m 的含油面积/km^2	砂体厚度 >20m 的含油面积所占比例/%	砂体厚度 >25m 的含油面积/km^2	砂体厚度 >25m 的含油面积所占比例/%
长 2^1	32.38	0.00	0.0	1.27	3.9	5.69	17.6	11.95	36.9	13.47	41.6
长 4+5^2	79.90	2.38	3.0	15.31	19.2	35.76	44.8	5.91	7.4	20.45	25.6
长 6^1	88.14	0.03	0.0	7.88	8.9	35.63	40.4	25.91	29.4	18.77	21.3
长 8^1	40.75	0.00	0.0	0.00	0.0	3.35	8.2	22.74	55.8	14.66	36.0
长 8^2	43.18	0.03	0.0	1.66	3.8	0.61	1.4	18.65	43.2	22.28	51.6

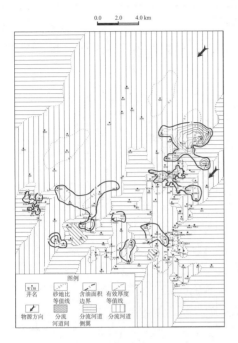

图 4 - 16　WL 地区延长组长 2^1 亚组
沉积相和含油面积叠合图

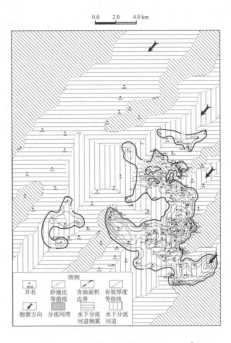

图 4 - 17　WL 地区延长组长 $4 + 5^2$ 亚组
沉积相和含油面积叠合图

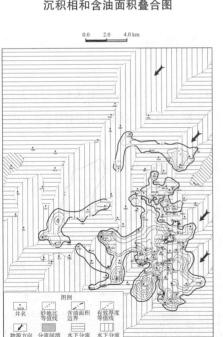

图 4 - 18　WL 地区延长组长 6^1 亚组
沉积相和含油面积叠合图

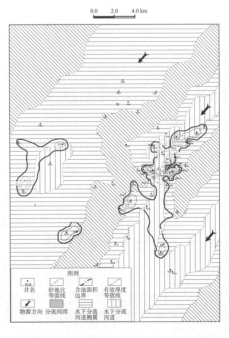

图 4 - 19　WL 地区延长组长 8^1 亚组
沉积相和含油面积叠合图

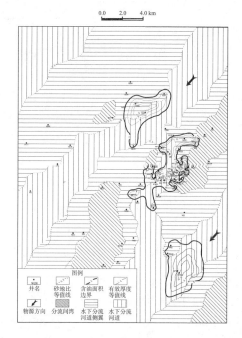

图 4 –20 WL 地区延长组长 8^2 亚组沉积相和含油面积叠合图

第四节 储层孔隙度

WL 地区长 4 +5 ～长 8 油层组油藏为岩性油藏，长 2 油层组为构造 – 岩性油藏。油藏除受岩性和构造控制外还受物性的控制，其中，储层孔隙度是长 2 ～长 8 油层组油藏的重要控制因素。

通过对该区 278 口井长 2 ～长 8 油层组储层测井解释孔隙度与含油面积的叠合（图 4 –21 ～图 4 –25），以及该区长 2 ～长 8 油层组储层中不同孔隙度分布区间的含油概率的分析发现，长 2 油层组含油面积分布于孔隙度大于 10% 的区域的比例 >95%。其中，长 2^1 亚组有 75% 以上的油藏都分布于孔隙度大于 12% 的区域；长 4 +5^2 亚组和长 6^1 亚组含油面积分布于孔隙度大于 8% 的区域的比例大于 95%，其中，长 4 +5^2 亚组和长 6^1 亚组 65% 以上的油藏分布于孔隙度大于 10% 的区域；长 8^1 亚组和长 8^2 亚组含油面积分布于孔隙度大于 6% 的区域的比例大于 85%。平面图中，各地层单元储层孔隙度为各类储层的加权平均值，所以与实测孔隙度相比，会有差异，整体上较分析测试值偏低。

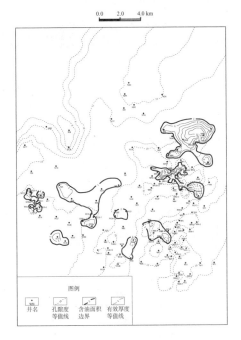

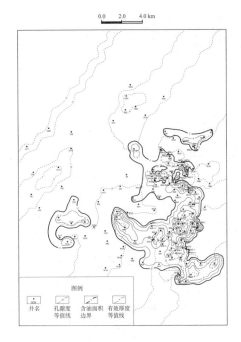

图 4 – 21　WL 地区延长组长 2^1
亚组孔隙度和含油面积叠合图

图 4 – 22　WL 地区延长组长 $4 + 5^2$
亚组孔隙度和含油面积叠合图

　　综合长 2 ~ 长 8 油层组各地层单元油层内孔隙度分布情况, 将延长组长 2^1 亚组储层孔隙度的控藏界限划分为大于 10%、10% ~ 12% 和大于 12% 共 3 个区域; 将长 $4 + 5^2$ 亚组和长 6^1 亚组储层孔隙度的控藏界限划分为小于 8%、8% ~ 10% 和大于 10% 共 3 个区域; 将长 8^1 亚组和长 8^2 亚组地层单元储层孔隙度的控藏界限划分为小于 6%、6% ~ 8% 和大于 8% 共 3 个区域。不同大小储层孔隙度控藏界限的划分, 为后续有利勘探区预测提供了等级划分依据。充分体现, 储层孔隙度和油气分布有明显的正相关性。因此, 认为储层物性(孔隙度)及其分布是长 2 ~ 长 8 油层组油藏及其分布的主要控制因素之一(图 4 – 21 ~ 图 4 – 25、表 4 – 2 ~ 表 4 – 4)。

表 4 – 2　WL 地区延长组长 2 油层组储层孔隙度的控藏概率分布表

层位	含油面积/km^2	孔隙度 < 10% 的含油面积/km^2	孔隙度 < 10% 的含油面积所占比例/%	孔隙度为 10% ~ 12% 的含油面积/km^2	孔隙度为 10% ~ 12% 的含油面积所占比例/%	孔隙度 > 12% 的含油面积/km^2	孔隙度 > 12% 的含油面积所占比例/%
长 2^1	32.38	0.59	1.8	6.09	18.8	25.60	79.4

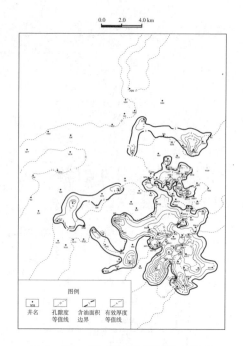

图 4 -23　WL 地区延长组长 6^1 亚组
孔隙度和含油面积叠合图

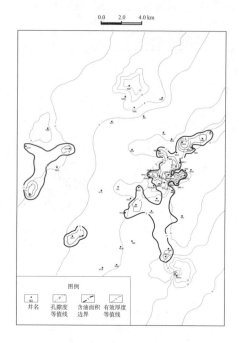

图 4 -24　WL 地区延长组长 8^1 亚组
孔隙度和含油面积叠合图

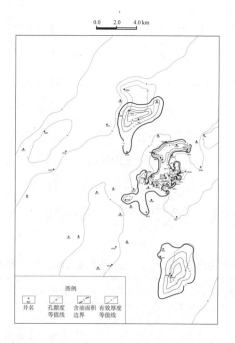

图 4 -25　万花 - 柳林地区延长组长 8^1 亚组孔隙度和含油面积叠合图

表4-3 WL地区延长组长4+5²亚组、长6¹亚组和长6²亚组储层孔隙度的控藏概率分布表

层位	含油面积/km²	孔隙度<8%的含油面积/km²	孔隙度<8%的含油面积所占比例/%	孔隙度为8%~10%的含油面积/km²	孔隙度为8%~10%的含油面积所占比例/%	孔隙度>10%的含油面积/km²	孔隙度>10%的含油面积所占比例/%
长4+5²	79.90	0.02	0.0	19.49	24.4	60.30	75.6
长6¹	88.14	0.25	0.3	28.36	32.2	59.53	67.5

表4-4 WL地区延长组长7~长9油层组各地层单元储层孔隙度的控藏概率分布表

层位	含油面积/km²	孔隙度<6%的含油面积/km²	孔隙度<6%的含油面积所占比例/%	孔隙度为6%~8%的含油面积/km²	孔隙度为6%~8%的含油面积所占比例/%	孔隙度>8%的含油面积/km²	孔隙度>8%的含油面积所占比例/%
长8¹	40.75	16.01	39.3	9.59	23.5	3.60	37.2
长8²	43.18	2.38	5.5	29.93	69.3	10.87	25.2

总之，WL地区长2油层组油藏主控受到沉积相、物性和构造的联合控制，长4+5油层组、长6油层组和长8油层组油藏主控受到沉积相、物性的双重控制。整体上，砂体厚度越厚、物性越好，越有利于油气的富集，但其对油气分布的控制界限有明显差异，WL地区长8油层组、长4+5油层组、长6油层组和长2油层组储层物性的控藏界限逐渐变大。该区延长组各地层单元油藏分布的主控因素及其差异性控藏界限研究结果，为有利勘探区预测提供了理论支撑。

第五章　WL 地区延长组石油的有利勘探区预测

第一节　有利勘探区划分标准

WL 地区长 2 ~ 长 8 油层组油藏分布主要受到砂岩厚度、孔隙度以及构造的控制，因此，对该区长 2 ~ 长 8 油层组进行有利区预测时主要考虑这 3 个要素，并同时用油层厚度作为约束条件，预测思路为主控因素的定量表征，各主控因素的单层叠合，成藏组合内有利勘探区多层叠合，3 个成藏组合的最终有利区叠合。具体预测原则如下：

(1) 在已圈定的含油面积基础上对长 2 ~ 长 8 油层组油藏的含油有利勘探区进行预测，即以含油面积的范围作为有利区的基准，并通过上述砂体厚度、储层孔隙度对 WL 地区长 2 ~ 长 8 油层组油藏的控藏概率及砂体厚度、孔隙度与油层厚度的正相关关系研究，得出长 2 ~ 长 8 各油层亚组砂体厚度对油气控制的下限为 15m，长 2 储层孔隙度对油气控制的下限为 10%，长 4 + 5 油层组和长 6 油层组储层孔隙度对油气控制的下限为 8%，长 8 油层组储层孔隙度对油气控制的下限为 6%。根据上述两个参数对油气控制的概率，又制定了两个参数的等级控制界限。制定利用这两个条件进行有利区预测的标准如表 5 - 1 ~ 表 5 - 4 所示。

表 5 - 1　WL 地区延长组长 2^1 亚组有利区划分标准

	砂体厚度/m	储层孔隙度/%
I 类有利勘探区	>25	>12
II 类有利勘探区	15 ~ 25	>10

表 5 - 2　WL 地区延长组长 4 + 5^2 亚组有利区划分标准

	砂体厚度/m	储层孔隙度/%
I 类有利勘探区	>20	>10
II 类有利勘探区	15 ~ 20	>8

表 5 - 3　WL 地区延长组长 6^1 亚组有利区划分标准

	砂体厚度/m	储层孔隙度/%
I 类有利勘探区	>25	>10
II 类有利勘探区	15 ~ 25	>8

表 5 - 4　WL 地区延长组长 8^1 亚组和长 8^2 亚组有利区划分标准

	砂体厚度/m	储层孔隙度/%
I 类有利勘探区	>25	>8
II 类有利勘探区	>15	>6

(2)含油面积边界油层厚度为零值的井控制时,有利勘探区的范围边界取含油面积与零值井之间的中值。

(3)含油面积边界无井控制时,根据含油面积边界向外推测两个井距,约500m 左右。

(4)有利勘探区的预测由砂体厚度、储层孔隙度、油层厚度三者共同约束控制,具体原则为:

① I 类有利勘探区。

长 2^1 亚组位于分流河道的主体或非主体部位,砂体厚度 >25m、孔隙度 >12%(表 5 - 1),是油层厚度较大、分布范围较广的构造 - 岩性圈闭有利区。

长 $4 + 5^2$ 亚组位于水下分流河道的主体或非主体部位,砂体厚度 >20m、孔隙度 >10%(表 5 - 2),是油层厚度较大、分布范围较广的岩性圈闭有利区。

长 6^1 亚组位于水下分流河道的主体或非主体部位,砂体厚度 >25m、孔隙度 >10%(表 5 - 3),是油层厚度较大、分布范围较广的岩性圈闭有利区。

长 8^1 亚组和长 8^2 亚组位于水下分流河道和浊积水道的主体或非主体部位,砂体厚度 >25m、孔隙度 >8%(表 5 - 4),是油层厚度较大、分布范围较广的岩性圈闭有利区。

② II 类有利勘探区。

长 2^1 亚组位于分流河道的主体或非主体部位,砂体厚度为 15 ~ 25m、孔隙度 >10%(表 5 - 1),是油层厚度适中、分布范围较广的构造 - 岩性圈闭有利区。

长 $4 + 5^2$ 亚组位于水下分流河道的主体或非主体部位,砂体厚度为 15 ~ 20m、孔隙度 >8%(表 5 - 2),是油层厚度适中、分布范围较广的岩性圈闭有利区。

长 6^1 油层亚组位于水下分流河道的主体或非主体部位,砂体厚度为 15 ~

25m、孔隙度>8%（表5-3），是油层厚度适中、分布范围较广的岩性圈闭有利区。

长8¹亚组和长8²亚组位于水下分流河道和浊积水道的主体或非主体部位，砂体厚度为15~25m、孔隙度>6%（表5-4），是油层厚度适中、分布范围较广的岩性圈闭有利区。

对长2~长8油层组进行有利区勘探预测时，首先，依据上述标准先对各小层进行划分，划分出各小层的Ⅰ类、Ⅱ类有利勘探区。

其次，先将各油层组叠合，叠合的原则为：出现Ⅰ类的有利区为该组合的Ⅰ类的有利勘探区，其余为Ⅱ类有利勘探区。

再将长2~长8油层组各地层单元划分为上、中、下3个组合。上组合为长2¹亚组，中组合为长4+5²亚组、长6¹亚组的叠合，下组合为长8¹亚组与长8²亚组的叠合。不同等级的有利勘探区重叠时取等级较高的，即凡是出现Ⅰ类的有利区为该组合的Ⅰ类的有利勘探区，其余为Ⅱ类有利勘探区。

最后将上、中、下3个组合的Ⅰ类、Ⅱ类有利区再次叠合，并将同时出现两次以上Ⅰ类的有利区作为长2~长8油层组的Ⅰ类有利勘探区，将重复1次Ⅰ类和重复3次Ⅱ类的有利区作为长2~长8油层组的Ⅱ类有利勘探区，其余除了无重合的Ⅱ类有利区外的部分作为长2~长8油层组的Ⅲ类有利勘探区。

第二节　有利勘探区预测结果

一、各小层有利勘探区预测结果

按照上述有利勘探区划分标准，对WL地区主要含油层系有利勘探区面积进行了预测。

1. 长8²亚组

预测出的一类有利勘探区2个，面积共8.54km²；二类有利勘探区5个，面积共79.72km²（图5-1）。

2. 长8¹亚组

预测出一类有利勘探区3个，面积共4.76km²；二类有利勘探区5个，面积共56.37km²（图5-2）。

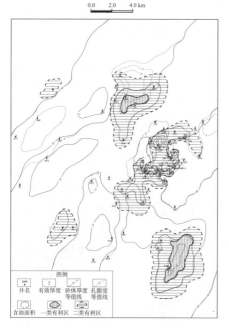

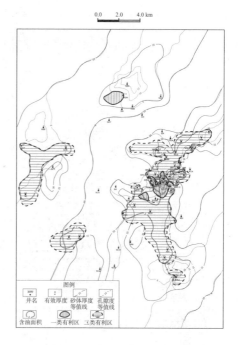

图 5 – 1　WL 地区长 8^2 亚组有利区预测图　　图 5 – 2　WL 地区长 8^1 亚组有利区预测图

3. 长 6^1 亚组

预测出一类有利勘探区 1 个，面积共 16. 39km²；二类有利勘探区 3 个，面积共 101. 63km²（图 5 – 3）。

4. 长 $4 + 5^2$ 亚组

预测出一类有利勘探区 2 个，面积共 33. 85km²；二类有利勘探区 6 个，面积共 83. 86km²（图 5 – 4）。

5. 长 2^1 亚组

预测出一类有利勘探区 6 个，面积共 15. 43km²；二类有利勘探区 11 个，面积共 61. 33km²（图 5 – 5）。

二、延长组有利勘探区预测结果

WL 地区延长组共叠合为 Ⅰ 类有利勘探区 5 个，面积共 6. 13km²；Ⅱ 类有利勘探区 15 个，面积共 71. 52km²；Ⅲ 类区有利勘探区 23 个，面积共 50. 88km²（图 5 – 6）。

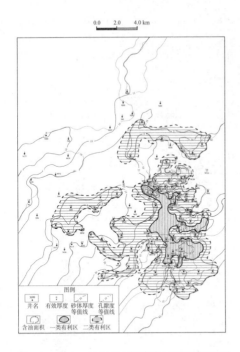

图 5-3　WL 地区长 6¹ 亚组有利区预测图

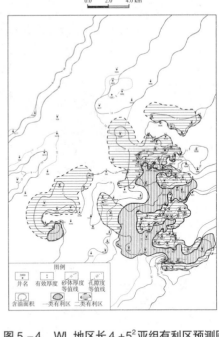

图 5-4　WL 地区长 4+5² 亚组有利区预测图

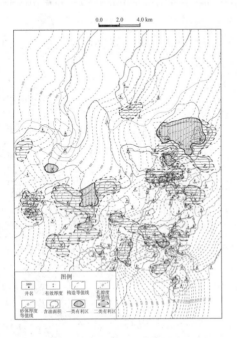

图 5-5　WL 地区长 2¹ 亚组有利区预测图

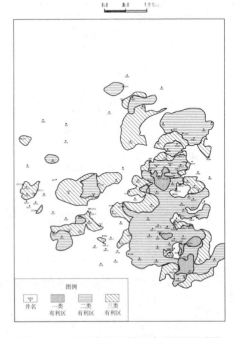

图 5-6　WL 地区延长组有利区预测图

参考文献

[1] 杨俊杰. 鄂尔多斯盆地构造演化与油气分布规律[M]. 北京：石油工业出版社，2002.

[2] 何自新，付金华，席胜利，等. 苏里格大气田成藏地质特征[J]. 石油学报，2003，24(2)：6-12.

[3] 郭正权，张立荣，楚美娟，等. 鄂尔多斯盆地南部前侏罗纪古地貌对延安组下部油藏的控制作用[J]. 古地理学报，2008，10(1)：63-71.

[4] 曾少华. 陕北三叠系延长统湖盆三角洲沉积模式的建立[J]. 石油与天然气地质，1992，13(2)：229-235.

[5] 李文厚，庞军刚，曹红霞，等. 鄂尔多斯盆地晚三叠世延长期沉积体系及岩相古地理演化[J]. 西北大学学报(自然科学版)，2009，39(3)：501-506.

[6] 郭艳琴，李文厚，郭彬程，等. 鄂尔多斯盆地沉积体系与古地理演化[J]. 古地理学报，2019，21(2)：293-320.

[7] 武富礼，李文厚，李玉宏，等. 鄂尔多斯盆地上三叠统延长组三角洲沉积及演化[J]. 古地理学报，2004，6(3)：307-315.

[8] 邓秀芹，罗安湘，张忠义，等. 秦岭造山带与鄂尔多斯盆地印支期构造事件年代学对比[J]. 沉积学报，2013，31(6)：939-953.

[9] 任战利，赵重远. 鄂尔多斯盆地古地温研究[J]. 沉积学报，1994，12(1)：56-65.

[10] 赵靖舟，吴少波，武富礼. 论低渗透储层的分类与评价标准—以鄂尔多斯盆地为例[J]. 岩性油气藏，2007，19(3)：28-31.

[11] 张云霞，陈纯芳，宋艳波，等. 鄂尔多斯盆地南部中生界烃源岩特征及油源对比[J]. 石油实验地质，2012，34(2)：173-177.

[12] 杨华，李士祥，刘显阳. 鄂尔多斯盆地致密油、页岩油特征及资源潜力[J]. 石油学报，2013，34(1)：1-11.

[13] 杨华，牛小兵，徐黎明，等. 鄂尔多斯盆地三叠系长7段页岩油勘探潜力[J]. 石油勘探与开发，2016，43(4)：511-520.

[14] 王香增，任来义，张丽霞，等. 鄂尔多斯盆地吴起—定边地区延长组下组合油源对比研究[J]. 石油实验地质，2013，35(4)：426-431.

[15] 王香增，高胜利，高潮．鄂尔多斯盆地南部中生界陆相页岩气地质特征[J]．石油勘探与开发，2014，41(3)：294 – 304．

[16] 杨华，张文正，等．论鄂尔多斯盆地长7段优质油源岩在低渗透油气成藏富集中的主导作用：地质地球化学特征[J]．地球化学，2005，34(2)：147 – 154．

[17] 白玉彬，赵靖舟，方朝强，等．优质烃源岩对鄂尔多斯盆地延长组石油聚集的控制作用[J]．西安石油大学学报(自然科学版)，2012，27(2)：1 – 6．

[18] 郭彦如，刘俊榜，杨华，等．鄂尔多斯盆地延长组低渗透致密岩性油藏成藏机理[J]．石油勘探与开发，2012，39(4)：417 – 425．

[19] 杨华，付金华，何海清，等．鄂尔多斯华庆地区低渗透岩性大油区形成与分布[J]．石油勘探与开发，2012，39(6)：641 – 648．

[20] 董丽红，安思谨，王变阳．鄂尔多斯盆地三叠系延长组长7、长9油页岩分布特征与油气富集关系[J]．非常规油气，2014，1(1)：17 – 21．

[21] 张文正，杨华，李剑锋，等．论鄂尔多斯盆地长7段优质油源岩在低渗透油气成藏富集中的主导作用—强生排烃特征及机理分析[J]．石油勘探与开发，2006，33(3)：289 – 293．

[22] 白玉彬，赵靖舟，高振东，等．鄂尔多斯盆地杏子川油田长9烃源岩特征及油气勘探意义[J]．中国石油大学学报(自然科学版)，2013，37(4)：38 – 45．

[23] 王永炜，李荣西，王震亮，等．鄂尔多斯盆地南部延长组长7段致密油成藏条件与富集主控因素[J]．西北大学学报(自然科学版)，2019，49(1)：144 – 154．

[24] 张文正，杨华，杨伟伟，等．鄂尔多斯盆地延长组长7湖相页岩油地质特征评价[J]．地球化学，2015，44(5)：505 – 515．

[25] 邬立言，顾信章，盛志纬，等．生油岩热解快速定量评价[M]．北京：科学出版社，1986．

[26] 龚再升，王国纯．中国近海油气资源潜力新认识[J]．中国海上油气地质，1997，11(1)：1 – 12．

[27] 袁选俊，谯汉生．渤海湾盆地富油气凹陷隐蔽油气藏勘探[J]．石油与天然气地质，2002，23(2)：130 – 133．

[28] 赵文智，邹才能，汪泽成，等．富油气凹陷"满凹含油"论——内涵与意义[J]．石油勘探与开发，2004，31(2)：5 – 13．

[29] 周进高，姚根顺，邓红婴，等．鄂尔多斯盆地延长组长9油层组勘探潜力分析[J]．石油勘探与开发，2008，35(3)：289 – 293．

[30]付金华，柳广弟，杨伟伟，等.鄂尔多斯盆地陇东地区延长组低渗透油藏成藏期次研究
    [J].地学前缘，2013，20(2)：125－131.

[31]杨华，张文正，刘显阳，等.优质烃源岩在鄂尔多斯低渗透富油盆地形成中的关键作用
    [J].地球科学与环境学报，2013，35(4)：1－9.

[32]白玉彬，罗静兰，王少飞，等.鄂尔多斯盆地吴堡地区延长组长8致密砂岩油藏成藏主
    控因素[J].中国地质，2013，40(4)：1159－1168.

[33]屈红军，杨县超，曹金舟，等.鄂尔多斯盆地上三叠统延长组深层油气聚集规律[J].石
    油学报，2011，32(2)：243－248.

[34]吴保祥，段毅，郑朝阳，等.鄂尔多斯盆地古峰庄－王洼子地区长9油层组流体过剩压
    力与油气运移研究[J].地质学报，2008，82(6)：844－849.

[35]王传远，段毅，车桂美，等.鄂尔多斯盆地上三叠统延长组原油地球化学特征及油源分
    析[J].高校地质学报，2009，15(3)：380－386.

[36]张晓丽，段毅，何金先，等.鄂尔多斯盆地华庆地区延长组下油层组原油地球化学特征
    及油源对比[J].天然气地球化学，2011，22(5)：866－873.

[37]胡友洲，何奉朋，张龙.安塞地区长10段原油地球化学特征及油源探讨[J].西安石油大
    学学报(自然科学版)，2010，25(3)：15－18.

[38]李相博，刘显阳，周世新，等.鄂尔多斯盆地延长组下组合油气来源及成藏模式[J].石
    油勘探与开发，2012，39(2)：172－180.

[39]段毅，于文修，刘显阳，等.鄂尔多斯盆地长9油层组石油运聚规律研究[J].地质学报，
    2009，83(6)：855－860.

[40]杨华，张文正，蔺宏斌，等.鄂尔多斯盆地陕北地区长10油源及成藏条件分析[J].地球
    化学，2010，39(3)：274－279.

[41]时保宏，姚泾利，张艳，等.鄂尔多斯盆地延长组长9油层组成藏地质条件[J].石油与
    天然气地质，2013，34(3)：294－300.

[42]赵靖舟，白玉彬，曹青，等.鄂尔多斯盆地准连续型低渗透－致密砂岩大油田成藏模式
    [J].石油与天然气地质，2012，33(6)：811－827.

[43]张凤奇，张凤博，钟红利，等.鄂尔多斯盆地甘泉南部地区延长组长7致密油富集主控
    因素[J].岩性油气藏，2016，28(3)：12－19.

[44]魏登峰.鄂尔多斯盆地P地区延长组长7致密油藏形成机制与富集规律[D].成都：西南
    石油大学，2015.

[45]武富礼，王变阳，赵靖舟，等.鄂尔多斯盆地油藏序列特征及成因[J].石油学报，2008

（5）：639 – 642.

[46]王建民，王佳媛. 鄂尔多斯盆地伊陕斜坡上的低幅度构造与油气富集[J]. 石油勘探与开
发，2013，40（1）：49 – 57.

[47]于波，罗小明，乔向阳，等. 鄂尔多斯盆地延长油气区山西组山 2 段储层物性影响因素
[J]. 中南大学学报（自然科学版），2012，43（10）：3931 – 3937.